JN183720

静脈産業と
マテリアル
フローコスト会計

木村 眞実
【著】

東京 白桃書房 神田

はじめに

　本書の特徴は次の点にある。
・産業は「動脈産業」と「静脈産業」からなると考える。
・静脈産業において，環境への負荷低減を目指す環境面と経営効率の改善を意図した経済面の両方に資する「マテリアルフローコスト会計」を用いることによって，産業全体での環境負荷低減と経営効率の改善が可能となる。
・これまで明らかにされてこなかった使用済自動車の再資源化を行う現場のデータを収集し，マテリアルフローコスト会計の適用可能性を検討する。

　本書の第1章，第2章では，マテリアルフローコスト会計（MFCAと言う）の本来の目的とは何であるのかという疑問を，MFCAの起源と考えられる手法と国際標準化から検討している。そして，第3章，第4章，および第5章において，個別企業におけるMFCAとは経済面を重視するものであるが，産業全体というマクロの視点でMFCAを考えることによって，MFCAによる環境面と経済面の両立が可能となるとの考えから，産業を動脈産業と静脈産業という視点から捉え，静脈産業へのMFCAの適用可能性について検討をしている。さらに，第6章，第7章，および第8章では，自動車解体業等を対象とし，各社の回収実証試験のデータを用いて試案MFCAの作成を行っている。

　本書は，駒澤大学大学院商学研究科博士学位取得論文（2011年度）に加筆をしたものである。学位取得にあたっては，主査の小栗崇資先生（駒澤大学経済学部教授），副査の石川祐二先生（駒澤大学経済学部教授），外部副査の丸田起大先生（九州大学大学院経済学研究院准教授），1年次指導教官の石川純治先生（駒澤大学経済学部教授）よりご指導をいただいた。先生方には心より感謝を申し上げたい。

　これまで，筆者は，多くの先生方，業界の方々に，支えられて，研究を続けてきた。研究者として，また，教育者としての道が途切れそうな時に，先生方・業界の方々より，次の道を示していただいた。ここにお名前を記して

感謝を申し上げたい。

　調査にご協力をいただいている使用済自動車の再資源化を行う企業の皆様，遠藤孝先生（駒澤大学名誉教授），藤田昌也先生（九州大学名誉教授），外川健一先生（熊本大学法学部教授），大下丈平先生（九州大学大学院経済学研究院教授），岩渕昭子先生（東京経営短期大学教授），BALの先生方，関東会計研究会の先生方，森孝一氏（有限会社オート商会代表取締役社長），中道利高氏（株式会社阪神環境システム専務取締役），小林大二氏（有限会社ジャパンオートパーツ），小宮山敬仁氏（ビッグエイト，株式会社大八商会代表取締役社長），故　酒井清行氏（日本ELVリサイクル機構・元代表理事），部友会の皆様，広島資源循環プロジェクトの皆様，そして，本書の出版をお引き受けいただいた株式会社白桃書房代表取締役社長の大矢栄一郎氏にお礼を申し上げたい。

　最後に，夫の正典への感謝を記したい。

　なお，本研究はJSPS科研費25380632，25370914の助成を受けている。本書の刊行に際しては，沖縄国際大学平成26年度研究成果刊行奨励費の交付を受けている。

2014年10月

木村　眞実

目 次

はじめに　　i

序　章　　1

1 問題提起　*1*
2 廃棄物処理・リサイクルに携わる静脈産業　*3*
3 資源循環型社会では，産業は動脈産業と静脈産業からなる　*4*
4 本書の目的と章の構成　*5*

第1章　MFCAの起源と特徴　　9

1 はじめに　*9*
2 アメリカにおけるMFCAの起源と特徴　*10*
　2.1 USEPAによる廃棄物最小化機会アセスメント・マニュアル　*10*
　2.2 Pojasekによるシステムズ・アプローチ　*16*
3 ドイツにおけるMFCAの起源と特徴　*21*
　3.1 マスバランスからエコバランスへ　*22*
　3.2 ドイツ環境省・環境庁による環境原価計算　*26*
　3.3 WagnerとStrobelによるフローコスト会計　*34*
4 小括　*41*

第2章　日本版MFCAの国際標準化　　47

1 はじめに　*47*
2 経済産業省によって提案された日本版MFCA　*47*

- **3** ISOへの提案からDISに至るまでの経緯　*50*
  - **3.1** 経済産業省によるISOへの提案　*50*
  - **3.2** 地球環境問題に資するMFCAの標準化案の作成　*51*
  - **3.3** 生産現場で有用なツールであるMFCAを新業務項目として提案　*53*
  - **3.4** 規格化作業の開始によって発行されたPre-Working Draft　*55*
- **4** DISにおける国際標準化の方向　*58*
  - **4.1** DISの目次と適用範囲　*58*
  - **4.2** MFCAの目的・原則　*61*
  - **4.3** MFCAの基本要素　*63*
- **5** ISO14051における国際標準化の方向　*67*
  - **5.1** ISO14051の目次と適用範囲　*67*
  - **5.2** MFCAの目的・原則　*69*
  - **5.3** MFCAの基本要素　*69*
- **6** 小括　*70*

第3章　動脈産業と静脈産業のMFCA　　77

- **1** はじめに　*77*
- **2** 動脈産業と静脈産業の違い　*78*
  - **2.1** 動脈産業と静脈産業におけるインプットと改善の違い　*78*
  - **2.2** 産業全体へMFCAを導入する意義　*80*
  - **2.3** 資源の効率的な利用を示す資源循環の数値例　*82*
- **3** 静脈産業における正の製品と負の製品の定義　*85*
  - **3.1** グッズ・フリーグッズ・バッズから考える静脈産業の財の特徴　*85*
  - **3.2** 財がグッズになるかバッズになるかの境界は何か　*87*
  - **3.3** 需給バランスの影響をより受けやすい静脈産業の財　*89*
- **4** 小括　*91*

第4章 資源循環を担う自動車解体業への適用可能性　93

1 はじめに　93
2 処分場問題と資源としての自動車　93
　2.1 我が国が抱える最終処分場問題　93
　2.2 使用済自動車のリサイクルの可能性　95
3 リサイクル産業として発展しつつある自動車解体業　97
　3.1 解体屋から売れる部品を生産するリサイクル産業へ　97
　3.2 解体業の基礎データと業務組織　98
　3.3 経営の柱によって採用される生産システム　101
　3.4 自動車解体の生産プロセスとアウトプットされるもの　103
4 自動車解体業の生産プロセスから考えるMFCAの適用可能性　106
　4.1 「正の製品」と「負の製品」として考えるMFCAの特徴　106
　4.2 自動車解体業においてアウトプットされる「正の製品」と「負の製品」　108
5 小括　110

第5章 MFCAの多様な適用方法　113

1 はじめに　113
2 MFCAを適用する業種の多様性　113
　2.1 流通販売サービス業におけるMFCA導入事例　113
　2.2 マテリアルリサイクル事業におけるMFCA導入事例　116
3 導入事例企業における配分・配賦基準の多様性についての考察　118
　3.1 MFCAにおける基本的な計算方法　119
　3.2 事例企業に見るコストの配分・配賦方法　120
　3.3 事例企業における配分・配賦方法の具体的検討　123
4 小括　125

第6章　自動車解体業 A 社の部品取り工程における，現状把握型の MFCA　*129*

1 はじめに　*129*
2 自動車解体業 A 社における MFCA の定義　*130*
   2.1 MFCA の適用範囲　*130*
   2.2 課題と定義　*131*
3 自動車解体業 A 社における試案 MFCA　*134*
   3.1 アウトプットに関連した A 社での判断　*134*
   3.2 インプットおよびアウトプットデータの収集方法　*135*
   3.3 試案 MFCA の作成　*138*
   3.4 試案 MFCA の考察　*139*
4 小括　*141*

第7章　自動車解体業 H 社のマテリアル回収工程における，提案型の MFCA　*143*

1 はじめに　*143*
2 自動車解体業 H 社における MFCA の定義　*143*
   2.1 MFCA の適用範囲　*143*
   2.2 課題と定義　*145*
3 各種部品の回収実証試験における試案 MFCA　*147*
   3.1 コンピュータ BOX　*148*
   3.2 ミラー　*150*
   3.3 プリテンショナー　*153*
   3.4 メーター　*156*
   3.5 パワーウィンドウ・スイッチ　*158*
   3.6 アウトプットデータ集計　*161*
4 ELV 1 台の回収実証試験における試案 MFCA　*164*
   4.1 排気量660cc　*166*
   4.2 排気量1,300cc　*170*
   4.3 排気量2,000cc　*173*

4.4 排気量3,000cc　*176*

4.5 アウトプットデータ集計　*180*

5 小括　*182*

第8章　自動車静脈系サプライチェーンのマテリアル回収工程における，提案型のMFCA　*185*

1 はじめに　*185*

2 自動車静脈系サプライチェーンにおけるMFCAの定義　*186*

2.1 MFCAの適用範囲　*186*

2.2 課題と定義　*187*

2.3 従来プロセスと新規プロセスの概要　*190*

2.4 各工程と担当企業　*191*

2.5 各工程のフロー　*192*

3 各工程の試案MFCAとアウトプットデータ集計表　*201*

3.1 解体工程　*202*

3.2 シュレッダー工程　*205*

3.3 溶融工程　*207*

3.4 乾留工程　*209*

3.5 ダスト選別工程　*211*

3.6 廃ガラス分別工程　*213*

3.7 ガラス分離工程（湿式）　*215*

3.8 ガラス分離工程（乾式）　*216*

4 小括　*218*

おわりに　*221*

参考文献　*223*

索　引　*235*

序　章

1　問題提起

　近年，環境問題への取り組みのなかで，会計分野においても環境管理会計の確立が進んできている。そうした環境管理会計のなかで注目されてきているのが，マテリアルフローコスト会計（Material Flow Cost Accounting：以下，MFCAと言う）である[1]。

　MFCAとは，生産プロセスで発生する廃棄物を物量情報と金額情報によって把握することで，工程や投入原料の見直しを通じた資源の有効利用とコストの削減を行い，自然環境への排出物の削減を可能とする環境管理会計における一手法である[2]。

　MFCAは，文字通り，生産プロセス内の物質量の流れを中心に管理することで，その目的に迫ろうとする会計であり，生産プロセス内の物質量を物質重量と金額によって計算する仕組みからなっている。簡単な例で，MFCAの計算構造を説明しよう。

　図表序1に示すように，たとえば，原材料費1,000円および加工費600円によって製品1個をアウトプットする生産プロセスを想定する。また，そこでの原材料の投入高は100kgであり，最終製品は80kg，生産プロセスで発生する廃棄物が20kgとする。

　通常の原価計算では，廃棄物が発生していても廃棄物のコスト（金額）は計算がされないため，インプット段階での投入額である原材料費1,000円と

図表序1　通常の原価計算

出所：Jasch [2009] p.117. 國部編著 [2008] p.6。

加工費600円の合計1,600円が製品原価として計算される。

一方 MFCA では，**図表序2**に示すように，原材料費1,000円は，製品と廃棄物の重量比に従って配分が行われる。重量80kgの製品へは，1,000円×80kg÷100kgの計算式によって，800円が配分されるとともに，重量20kgの廃棄物へは，1,000円×20kg÷100kgの計算式によって，200円が配分されることになる。

また，加工費600円の製品と廃棄物への配賦方法としては時間等の配賦基準が考えられるが，MFCA では，原材料の重量比を基準として配賦がされ，重量80kgの製品へは，600円×80kg÷100kgの計算式によって，480円が配賦されるとともに，重量20kgの廃棄物へは，600円×20kg÷100kgの計算式によって，120円が配賦される[3]。

こうした計算で廃棄物の金額が明らかになれば，それをどのように削減するかが，生産プロセス上の課題となり，その改善によって，自然環境への排出物を削減することも可能になる。

このような仕組みを持つ MFCA は，生産プロセスの改善のみならず自然環境の改善にも資するものとなる。つまり MFCA は，企業における環境管理と生産管理の橋渡しとなって，生産プロセスの終了後において自然環境への排出物を管理すると言うエンドオブパイプでの環境改善から，生産プロセスの過程において自然環境への排出物を管理すると言うインプロセスでの環境改善への転換をもたらす，重要な手段となるのである[4]。

図表序2　MFCA

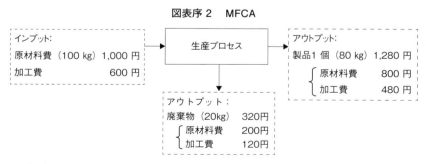

出所：Jasch［2009］p.118. 國部編著［2008］p. 7 。

現在，我が国では，経済産業省による導入実証事業等によって，MFCAにもとづくデータによって製造ラインの改善を行うことで，廃棄物の削減効果が得られる成果が生まれている[5]。

そこで，本書では，「動脈産業」において成果を上げているMFCAを，「静脈産業」においても適用できるのではないかと考え，その適用可能性を検討することをねらいとしている。

2 廃棄物処理・リサイクルに携わる静脈産業

本書では，MFCAを，個別企業と言うミクロの視点だけでなく，産業全体と言うマクロの視点から考えることとしたい。ここで言う産業全体とは，原材料から製品を生産する動脈産業と，使用を終えた製品から再び原材料を生産する静脈産業からなる。

静脈産業とは，廃棄物処理・リサイクルに携わる産業についての概念であり，動脈産業の対となるものである。この静脈産業と動脈産業と言う言葉は，一般には聞きなれない言葉であるが，人間と自然のあいだの物質代謝の様相を，人体の循環系に例えて表した概念である。人間が生命活動を行うためには，心肺から各細胞へ栄養素や酸素を乗せた血液を，動脈を通じて運ばなければならず，そして同時に，老廃物や二酸化炭素を再び血液に乗せて静脈を通して心肺に戻さなければならない。つまり，生命活動を維持するためには，栄養素や酸素を供給する機能とともに，老廃物や二酸化炭素を捨てる機能が必要となる[6]。

近年，大量生産・大量消費の社会システムから，資源を循環利用する社会システムへの転換が図られているが，そのためには，動脈産業と静脈産業の検討が重要となり，特に静脈産業の解明が焦点となる。

環境経済学では，製品を生産し消費する活動を動脈の系統として，廃棄物を適正に処理し使う活動を静脈の系統として捉え，両者のバランスを図ることが環境問題の解決につながるものとして，その研究が進められてきている[7]。

静脈産業は，経営環境が一様ではないため，業種の分類が困難な産業である。静脈産業を担うものとしては，廃棄物処理を行う業者，廃棄物回収を行

う業者,さらに,使用済み製品を加工して新たな製品の生産を行う業者が該当すると考えられる。

たとえば,外川［2001］では,静脈産業は①中古品小売業（リユース業）およびリース業,②修理業（リペアビジネス業）,③リサイクル業（再生資源回収業・卸売業,再生原料・再生製品加工業）,④廃棄物処理業に区分して定義されている。

①および②は,使用済みの製品への大幅な加工を施さずに,基本的に当該機能をそのまま利用する業者からなり,③は,使用済みの製品への加工を行い,新たな製品または原材料として利用する業者からなる。そして④は,リユース・リサイクルがされない廃棄物を処分する業者からなる。

それぞれの業種に即して,静脈産業の分析を行うことが重要となっている。そこで本書では,①②③の側面を持つ自動車解体業を対象として,以下の検討を進めたい。

3 資源循環型社会では,産業は動脈産業と静脈産業からなる

本書では,MFCAを,動脈産業のみならず静脈産業においても適用することで,産業全体での資源の有効利用が可能となると考えている。

これまで我が国では,動脈産業の発展や動脈産業による技術革新に力が注がれてきたものの,廃棄物を再利用する静脈産業の発展や静脈産業による技術革新には力が注がれてこなかった経緯がある。そのため,動脈産業が主役となった経済発展の結果が,公害問題やゴミ戦争を生んだとの指摘がされる[8]。

つまり,動脈産業だけではなく,静脈産業の発展があって,はじめて公害やゴミ問題の解決につながるのであり,2つの産業の発展によって,資源を循環させて有効に利用する資源循環型の社会の形成が達成されることになる。

そのような資源の循環を,動脈産業と静脈産業からなる産業全体で考えたものが,以下の図表序3である。

図表序3に示したように,一般に言う製品のことを「正の製品」,廃棄物のことを「負の製品」と言う。

動脈産業では,まず,新しい原材料と静脈産業からの正の製品がインプッ

図表序3　動脈産業と静脈産業における資源の循環

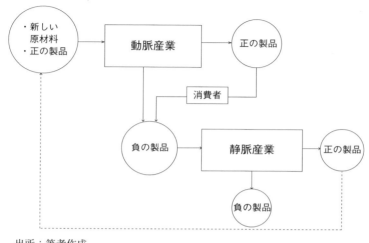

出所：筆者作成。

トされて，正の製品と負の製品がアウトプットされる。次に，正の製品は，消費者による使用を経て負の製品となり，生産プロセスから発生した負の製品とともに，静脈産業へインプットされる。そして，静脈産業では，生産プロセスから，正の製品と負の製品がアウトプットされることとなる。

動脈産業と静脈産業との間の循環のなかで，静脈産業において発生する負の製品は，動脈と静脈からなる産業全体で発生する最終的な廃棄物と考えられる。

4　本書の目的と章の構成

本書では，これまでのMFCAへの導入事例を分析することでMFCAの静脈産業への適用可能性を検討し，資源循環型社会を支える静脈産業が，正の製品のアウトプットによって，産業全体の負の製品の削減に貢献しうることを，理論と実証データから明らかにすることを試みる。

本書において得られた結果によって，今後，MFCAが静脈産業において

も適用されて，負の製品の発生が抑制されることとなれば，産業全体で資源の有効利用が達成されると考えられる。そして MFCA とは，産業全体での資源の有効利用を可能にさせる，環境面と経済面の両方を重視した，環境管理会計における一手法となるであろうことを試論的ではあるが提言したい。

　第1章では，先行研究から MFCA の起源と考えられる手法を取り上げ，元来，MFCA とはどのような目的・特徴を持つものなのかを明らかにする。具体的には，アメリカにおける「廃棄物最小化機会アセスメント・マニュアル」と「システムズ・アプローチ」，そして，ドイツにおける「エコバランス」，「環境原価計算」，および「フローコスト会計」を MFCA の起源と想定し，各手法について検討を行う。

　第2章では，国際的に高い評価を受ける「日本版 MFCA」とはどのようなものであるのかを，国際標準化に至るまでの経緯から明らかにする。そして，国際標準としての MFCA がどのような展開方向にあるのかを検討する。具体的には，環境への負荷の低減のために，マテリアルの物質量の把握が重視されることになるのか（つまり環境面に重点が置かれるのか），または，コスト削減による経営効率の改善のために，製品とマテリアルロスの金額情報の把握が重視されることになるのか（つまり経済面に重点が置かれるのか）を明らかにする。

　第3章では，MFCA の本来の目的とは環境への負荷の低減を目指す環境面と経営効率の改善を意図した経済面の両立であるとすれば，日本版 MFCA，ISO14051における MFCA の適用方法では，環境面と経済面の改善の両立において，なお不十分であるとの考えから，環境面と経済面の両立の可能性として，MFCA を動脈産業と静脈産業からなる産業全体と言うマクロの視点で考え，MFCA を動脈産業のみならず静脈産業においても適用することで，産業全体での資源の有効利用が可能となり，延いては環境面と経済面の両立を可能とすることを明らかにする。具体的には，MFCA を動脈産業へ適用した場合と静脈産業へ適用した場合に，両者の MFCA の違いとは何であるのかを明らかにし，その違いによって，産業全体での資源循環がより促進されることを明らかにする。そして，財の性質から，動脈産業での「正の製品」・「負の製品」と，静脈産業での「正の製品」・「負の製品」は

同じ性質であるのかどうかを検討し，静脈産業における MFCA の「正の製品」と「負の製品」の定義付けを行いたい。

　第 4 章では，静脈産業への MFCA の適用が可能であるのかどうかを検討するのであるが，そもそも，静脈産業がなぜ求められるのかと言う，根本的な話から始めることとする。具体的には，まず，廃棄物の最終処分場の現状から，資源の有効利用が必要とされていることについて見ていく。次に，自動車の資源の構成と使用済自動車の発生台数から，自動車のリサイクルの必要性を述べる。さらに，解体屋から「リサイクル産業」へと発展しつつある自動車解体業が，どのような経営を行い，どのように使用済自動車からの「生産」を行っているのかを見ていく。そして，MFCA の計算構造から MFCA の原価計算としての特徴を述べ，自動車解体業の生産プロセスへの MFCA の適用可能性について検討をする。

　第 5 章では，これまでの MFCA の導入事例から，MFCA が多様な業種において適用可能であることを述べる。また，MFCA では，正の製品と負の製品へのシステムコスト・エネルギーコストの配賦方法は，原則として，原材料の重量比によって配賦がされるのであるが，必ずしも原材料の重量比によらずに，企業の実態に沿った方法によることが可能であることを検討する。本章において検討する動脈産業における多様な方法は，静脈産業において MFCA を適用する際の参考となるものである。

　第 6 章以降では，環境面と経済面の両立の可能性に向けて，静脈産業への MFCA の積極的な適用を行うために，試案の MFCA を検討する。

　まず，第 6 章では，これまでの事例を参考にしつつ，自動車解体業 A 社の「部品取り工程」を対象として，A 社の現状を把握することを目的とした試案 MFCA の作成を試みる。そして，静脈産業である自動車解体業 A 社が，環境への負荷を与える可能性がある廃棄物の削減に貢献していることを，データとして証明できればと考えている。

　次に，第 7 章では，H 社の「マテリアル回収工程」を対象とし，新たな資源の有効利用方法を提案する MFCA の作成を試みたい。そして，静脈産業である自動車解体業 H 社が，有用部品に含まれる有価金属の回収によって，資源の有効利用に貢献可能であることを，データによって証明できれば

図表序4　各章における試案 MFCA の対象工程・品目と対象企業数

章	対象工程（対象品目）	対象企業数
第6章	部品取り工程（各種部品）	1社
第7章	マテリアル回収工程(各種部品, 使用済自動車1台)	1社
第8章	マテリアル回収工程（ガラス）	8社（サプライチェーン）

出所：筆者作成。

と考えている。

　第6章と第7章では A 社と H 社と言う1つの企業の1つの工程を対象とするのに対して，第8章では，使用済自動車の再資源化に関与する「自動車静脈系サプライチェーン」を通じた「マテリアル回収工程」を対象とし，資源の有効利用の方法を提案することを目的としたMFCAの作成を試みたい。そして，自動車静脈系サプライチェーンが，「廃ガラス」のマテリアルリサイクルに貢献可能であることを，データによって証明できればと考えている。

（注）
1　本書では，material の邦訳を，原材料とその原材料に関連する費用を意味する「マテリアル」とする。
2　中嶌・國部[2002][2008]，國部編著[2008]，安城・下垣[2011]，Jasch[2009]を参照。
3　Jasch[2009]p.119．國部編著[2008]p.5。なお，MFCA に関する研究では配分と配賦の用語が必ずしも明確に使い分けられていないようであるが，本研究では，ISO/DIS[2010]p.6において，マテリアルコストは配分(assigned)され，エネルギーコストおよびシステムコストは配賦(allocated)されるという説明に準拠して，マテリアルコストに関しては正の製品と負の製品とへ「配分」され，システムコストとエネルギーコストに関しては正の製品と負の製品へ「配賦」されるとする。
4　國部編著[2008]p.8を参照。
5　平成21年度の導入実証事業では，各地域の MFCA 普及拠点として公募によって採択された団体（企業等）に対して導入実証事業が行われた。また，本事業は，MFCA の指導者育成を目的としたインターンシップ事業も兼ねており，公募によって採択された団体からもインターンが参加し，MFCA 導入実務（MFCA の導入手順と考え方，MFCA のデータ収集，整理方法，計算方法）について MFCA 導入アドバイザーから教育を受けて，一緒に MFCA 導入検討を行っている。なお，インターンは MFCA 事前研修を受講するとともに，事業委員会での報告と，実証事業報告書の作成を行っている。日本能率協会コンサルティング[2010]p.14。
6　外川[2001]p.51。
7　植田[1992]p.61。
8　細田[1999]p.28。

第1章

MFCAの起源と特徴

1 はじめに

　國部ほか[2010]によれば，環境管理会計研究の中心の1つとして，企業組織におけるマテリアル（原材料およびエネルギー）のフローに関する会計的分析がある。マテリアルフローを中心とする環境会計は1980年代から2000年代初頭にかけて，アメリカとドイツでそれぞれ別々に発展し，アメリカでは，環境保護庁が提唱する汚染予防プログラムを起源として，廃棄物削減の観点から手法が精緻化され，ドイツでは，組織における物質およびエネルギーのインプット・アウトプット分析の手法であるエコバランスを起源として会計手法への展開が見られた[1]。

　本章では，先行研究からMFCAの起源と考えられる手法を取り上げ，元来，MFCAとはどのような目的・特徴を持つものなのかを明らかにしていきたい。

　以下では，汚染予防の観点からマテリアルフローをベースとして環境管理会計手法が発展してきたアメリカについて，次に，マスバランスを出発点としてMFCAが開発されたと言われるドイツについて，見ていくこととする。

　具体的には，アメリカにおける「廃棄物最小化機会アセスメント・マニュアル」と「システムズ・アプローチ」，そして，ドイツにおける「エコバランス」，「環境原価計算」，および「フローコスト会計」を，MFCAの起源と想定し，各手法を検討していきたい。

2 アメリカにおけるMFCAの起源と特徴

アメリカにおけるMFCAの起源と特徴についてである。大西[2003]によれば、アメリカでは、企業の環境汚染に対する強力な法規制を背景として、マテリアルフローをベースにした環境管理会計手法が発展したのであるが、環境管理会計のもっとも早い事例[2]としては、1988年にアメリカ環境保護庁（以下、USEPAと言う）が発行した『廃棄物最小化機会アセスメント・マニュアル（Waste Minimization Opportunity Assessment Manual）』（USEPA[1988]）[3]がある。そして、USEPA[1988]における「プロセスフロー図」に関する議論が拡張されて、開発されたのが、1990年代後半のPojasekによる「システムズ・アプローチ」である[4]。

そこで、廃棄物最小化機会アセスメント・マニュアルとシステムズ・アプローチを、アメリカにおけるMFCAの起源とし、これらの特徴について検討を行いたい。

2.1 USEPAによる廃棄物最小化機会アセスメント・マニュアル

1988年にUSEPAが発行した廃棄物最小化機会アセスメント・マニュアル（以下、マニュアルと言う）とはどのようなものであるのか。

マニュアルとは、工場及び企業において、廃棄物の最小化を行うための、計画、管理、そして実施に関するマニュアルとされ、工場及び企業において行うべき具体的な方法は、マニュアルの中の「廃棄物最小化アセスメント手順」（図表1.2.1を参照）で示されている[5]。

図表1.2.1に示したように、廃棄物最小化アセスメント手順では、ある主体が廃棄物最小化の必要性を認識し、廃棄物最小化プロジェクトの成功に至るために4つの段階があるとされる。

第1段階は「計画と組織化」、第2段階は「アセスメント」、第3段階は「実行可能性分析」、そして第4段階は「実施」である。第4段階の後にプロジェクトの成功が見られない場合には、第2段階へ戻ることとなり、新しいアセスメント目標の選択を行うとともに、先に選択して実施したオプションの再評価を行い、次の段階へと進めていくのである。

第1章　MFCAの起源と特徴

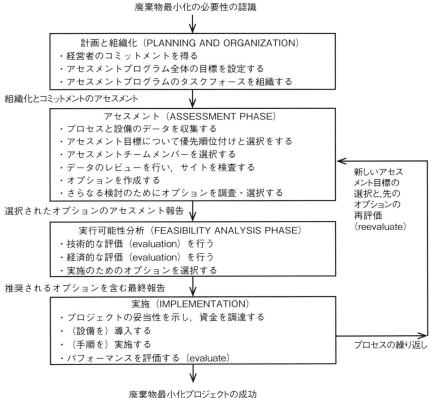

図表1.2.1　廃棄物最小化アセスメント手順

出所：USEPA［1988］p.4.

マニュアルの特徴とは、「プロセスフロー図」を把握する点、「マテリアルと熱量のバランス」を把握する点、および「原材料コストの削減」を意図する点と考えられる。以下では、それらの点について、他の手法の特徴も示しながら確認をしていこう。

2.1.1　プロセスフロー図

まず、1つ目の「プロセスフロー図」を把握する点についてである。

11

図表1.2.2に示したように，マニュアルの廃棄物最小化アセスメント手順の第2段階（アセスメント）では，アセスメントプログラムの評価を行うために，5項目（デザイン情報，環境情報，原材料／製品の情報，経済的情報，

図表1.2.2　第2段階「アセスメント」で必要とされる情報

デザイン情報	プロセスフロー図
	生産プロセスと汚染管理プロセスの，マテリアルと熱量のバランス
	オペレーティングマニュアルとプロセス図
	設備のリスト
	設備に関する設計書とデータシート
	配管図と計器図
	配管図と立面図
	設備配置図と作業の流れ図
環境情報	有害廃棄物に関するマニフェスト
	排出目録
	有害廃棄物に関する隔年の報告書
	廃棄物の分析
	環境監査報告書
	許可証と許可適用のいずれか
原材料／製品の情報	製品組成とバッチに関するデータシート
	マテリアルの使用図
	マテリアルの安全に関するデータシート
	製品と原材料の在庫記録
	オペレーターの日誌
	生産方法
	生産スケジュール
経済的情報	廃棄物処理と廃棄物処分の費用
	製品・設備・原材料の費用
	運用費用と維持費用
	部門別原価計算書
その他の情報	企業の環境ポリシー
	標準的な生産方法
	組織図

出所：USEPA［1988］p.11。

その他の情報）の情報を収集するように求め，さらに，5項目のうちの「デザイン情報」において，「プロセスフロー図」を用いて生産プロセスの情報を収集・把握するように求めているのである。

マニュアルのなかではプロセスフロー図の具体的な作成方法については触れていないが，プロセスフロー図は，生産プロセスを把握し，廃棄物が発生する箇所を確認するために必要であり，マテリアルのバランスを把握する際の基礎になるものである[6]。

マニュアルのように，プロセスフロー図を把握する点は，後述の1990年代後半にPojasekが開発した「システムズ・アプローチ」における「プロセスマップ」においても見られる。「システムズ・アプローチ」では，生産プロセスにおけるマテリアルのフローを，ボックスと矢印で描写する図を作成すると言う具体的な方法・形式についても触れており，複雑な生産プロセスにおける各工程が階層的に示され，生産プロセスのフローが把握しやすくなっていると言える（後述，2.2項参照）。

また，2000年代前半に，B.Wagnerと環境マネジメント研究所（Institut für Management und Umwelt：IMU）のM.Strobelが開発した「フローコスト会計（Flow Cost Accounting）」においても，「生産プロセスのフロー図」を把握し，生産プロセス内のマテリアルの透明性を高めると言う特徴が見られる（後述，3.3項参照）。

2.1.2　マテリアルと熱量のバランス

次に，マニュアルにおける2つ目の特徴である「マテリアルと熱量のバランス」を把握する点についてである。

上述した図表1.2.2の第2段階「アセスメント」に必要とされる情報の5項目におけるデザイン情報では，生産プロセスにおけるマテリアルと熱量のバランスを把握するように求めている。

つまり，マテリアルと熱量のバランスを把握することとは，生産プロセスへの物質のインプット・アウトプット量の把握することであり，具体的には，生産プロセスに入るマテリアルのインプット量が，生産プロセスから出たマテリアルのアウトプット量と，そのプロセスに仕掛品等の形で留まる量

（残高量）の合計と等しいことを示す，「インプット量＝アウトプット量＋残高量」の計算式によって，生産プロセスへの物質のインプット・アウトプット量の把握を行うこととされる[7]。

　マニュアルにおける計算式のように，生産プロセスへのインプット・アウトプットの物質量を把握する考え方は，後述する以下の各手法において見られる。

　まず，Pojasek の「システムズ・アプローチ」における「マテリアル・アカウンティング」の1点目の特徴である「各工程への原材料のインプット・アウトプットすべての把握」では，プロセスマップによって生産プロセスのフローを把握した後に，生産プロセスの各工程で使用・廃棄された原材料・エネルギー・水について，インプット・アウトプットのすべてを把握することとされる（後述，2.2項参照）。

　また，1990年代前半の B.Wagner の「エコバランス」では，インプット・アウトプットの量がバランスすることは考慮されていないが，「生産プロセスでの物質のインプット・アウトプットの把握」を行うこととされ（後掲，図表1.3.2の Kunert 社のエコバランスを参照），具体的には，水，空気，排水，廃棄物，排熱，重金属，NO_X，SO_X，CO_2 といった自然環境へ影響を与える可能性がある物質の物質量を把握し，当該物質の投入・排出量の削減によって，環境への負荷の低減を目指すものである（後述，3.1項参照）。

　さらに，ドイツ環境省・環境庁（BMU・UBA）の「環境原価計算」では，原価計算に先立って，「物質・エネルギーバランスの把握」を行うように指示がされており，生産プロセスを対象として発生する全インプットと全アウトプットを正確に把握することとされる（後述，3.2項参照）。

　そして，B.Wagner と M.Strobel が開発した「フローコスト会計」では，「物量センターからアウトプットされるマテリアルの重量の把握」を行うこととされ，物量センターからアウトプットされるマテリアル（つまり，原材料，中間製品，製品，廃棄物等を含む）の重量は「期首有高＋当期インプット量－期末有高」の計算式によって，計算を行うものとされる（後述，3.3項参照）。

2.1.3 原材料コストの削減

そして，マニュアルにおける3つ目の特徴である「原材料コストの削減」を意図する点についてである。

先に示した図表1.2.1の廃棄物最小化アセスメント手順における第3段階の「実行可能性分析」では，選択された方法を評価する際に，「技術的な評価」に加えて「経済的な評価」を行うこととされ，「廃棄物の廃棄コストを削減する（又は除去する）こと，および，インプットされる原材料のコストを削減すること」（USEPA［1988］p.20）と言う，経済的な目標が掲げられているのである[8]。

また，実行可能性分析の前段階である「アセスメント」においても，アセスメントで必要とされる情報（前掲，図表1.2.2参照）として，環境情報に加えて，経済的情報も必要とされているのである。

この原材料コストを削減すると言う経済的な目標に注目をしたい。そもそも，マニュアルは汚染予防活動に資することを目的したものである[9]。そうであるならば，環境汚染物質や廃棄物の「排出量・重量」の削減を焦点とすればよいのではないだろうか。

しかし，マニュアルでは，廃棄コストと原材料のコストの削減も視野にいれているように思われる。つまり，環境への負荷の低減を目指し，かつ，生産プロセスにおける廃棄コストと原材料コストを削減することでコストの削減も図られると言う，「環境面」と「経済面」の両面を目的としていると言えるであろう。

環境面のみならず，コストの削減，つまり経済面も重視すると言う考え方は，後述する以下の手法においても見られる。

Pojasekの「システムズ・アプローチ」の，「マテリアル・アカウンティング」における2点目の特徴である「原材料の物量とコストの把握」では，プロセスマップで原材料の流れを把握した後に，各工程で使用および損失した原材料，エネルギー，および水についての物量とコストを把握し，汚染の根本原因の発見・解決を目指すもと考えられる（後述，2.2項参照）。

また，ドイツ環境省・環境庁（BMU・UBA）の「環境原価計算」では

「環境関連の原価の計算」が行われ,具体的には,費目別原価計算,部門別原価計算,および製品別原価計算によって,より精密な環境関連の原価計算の把握を行うことによって,調達コストの引き下げと,資源の保護が可能とされている(後述,3.2項参照)。

そして,B.WagnerとM.Strobelが開発した「フローコスト会計」の「フローコスト・マトリックス」では,物量センターからアウトプットされるマテリアルの重量を把握した後に,当該マテリアルの購入単価からマテリアルコストを計算し,生産プロセスにおけるロスの金額を把握し,原材料のコストの削減に向けて努力を行うこととされるのである(後述,3.3項参照)。

2.2 Pojasekによるシステムズ・アプローチ

大西[2003]によれば,USEPA[1988]のマニュアルのようなチェックリストを中心とした汚染予防活動では生産プロセスレベルにおける汚染の根本原因の発見・解消がなお不十分であるため,1990年代後半にPojasekによって「システムズ・アプローチ」が開発されるのである。

システムズ・アプローチの特徴は2点と考えられ,それは「プロセスマップ」と「マテリアル・アカウンティング」である[10]。

2.2.1 プロセスマップ

では,1つ目の特徴点である「プロセスマップ」から見ていこう。プロセスマップとは,生産プロセスを原材料がどのように流れるかを明らかにするものであり,主たる生産プロセスのみならず,付随する断続的・補助的なプロセスについても,プロセスマップが描かれる[11]。

Pojasek[1997a]における事例から,オフセットリソグラフ印刷作業のプロセスマップを見てみよう(図表1.2.3を参照)。

プロセスマップでは,生産プロセスを3つから6つの工程に分けて,まず「トップレベルマップ」を作る。

図表1.2.3に示したように,本例でのトップレベルマップは「印刷前1」「印刷2」および「印刷後3」である。

次に,「セカンドレベルマップ」を作成する。本例でのトップレベルマッ

図表1.2.3　プロセスマップ（オフセットリソグラフ印刷作業の例）

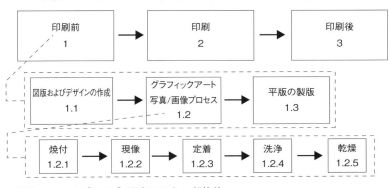

出所：Pojasek［1997a］図表1より一部抜粋。

プの「印刷前1」についての，セカンドレベルマップは，「図版およびデザインの作成1.1」「グラフィックアート写真／画像プロセス1.2」および「平版の製版1.3」である。

　そして，「サードレベルマップ」を作成する。本例でのセカンドレベルマップの「グラフィックアート写真／画像プロセス1.2」のサードレベルマップは，「焼付1.2.1」「現像1.2.2」「定着1.2.3」「洗浄1.2.4」および「乾燥1.2.5」である。

　つまり，複雑な生産プロセスを，階層的に図示することで，生産プロセスのフローが把握しやすくなると言うものである。

　では，システムズ・アプローチのプロセスマップと他の手法との関連についてである。

　先に述べたように，USEPAの「マニュアル」では，廃棄物最小化アセスメント手順の第2段階（アセスメント）において，アセスメントプログラムの評価を行うために，5項目（デザイン情報，環境情報，原材料／製品の情報，経済的情報，その他の情報）の情報を収集するように求めている。そして，5項目のうちのデザイン情報の項目において，「プロセスフロー図」を用いて生産プロセスの情報を収集・把握するように求めているのである（前述，2.1項参照）。

また，後述するように，2000年代前半に，B.Wagner と IMU の M.Strobel が開発したフローコスト会計においても，「生産プロセスのフロー図」を把握し，生産プロセス内のマテリアルの透明性を高めると言う特徴が見られるのである（後述，3.3項参照）。

　なお，時間の流れからすれば，アメリカで先に誕生した，プロセスフロー図・プロセスマップが，後のドイツにおけるフローコスト会計の開発に影響を及ぼしたように思われる。その理由としてはドイツにおけるフローマネジメントの浸透が考えられるのである。Strobel=Redman[2002]によれば，IMU が B.Wagner と M.Strobel の指導のもとにフローコスト会計を開発する際には，新しいマネジメントの方法である「フローマネジメント」が作用していたとされるからである。

　このフローマネジメントとは，製造工程から企業の組織構造に至るまで，物質と情報をフローとして透明化することによって経営を行うことを言い[12]，「フローコスト会計は，フローマネジメントとして知られる新しいマネジメントアプローチの最も重要な手段である」（Strobel=Redman[2002]p.67）とされ，ドイツにおいてフローマネジメントが浸透するなかで，Pojasek のシステムズ・アプローチによる，生産プロセスを階層的に透明化する点，および生産プロセスの各所で物質のインプットとアウトプットを把握する点が，フローコスト会計の開発の際に参考にされたと考えられるのである。

2.2.2　マテリアル・アカウンティング：各工程への原材料のインプット・アウトプットすべての把握

　次に，システムズ・アプローチの2点目の特徴点の「マテリアル・アカウンティング」についてである。「マテリアル・アカウンティング」は2つの特徴を持つと考えられる。

　それは「各工程への原材料のインプット・アウトプットすべての把握」と「原材料の物量とコストの把握」である。

　まずは，マテリアル・アカウンティングのうち「各工程への原材料のインプット・アウトプットすべての把握」についてである。

　上述したように，プロセスマップによって生産プロセスのつながりが図示

されたら，次に，マテリアル・アカウンティング[13]によって，生産プロセスの各工程において使用・廃棄された原材料名が追加される。

たとえば，上述の図表1.2.3のオフセットリソグラフ印刷作業のマテリアル・アカウンティングでは図表1.2.4になる。

図表1.2.4は，図表1.2.3の「印刷前1」のセカンドレベルマップであり，工程は，「図版およびデザインの作成1.1」，「グラフィックアート写真／画像プロセス1.2」，および「平版の製版1.3」からなる。

生産プロセスの各工程へインプットされた原材料名は，ボックスに向かう下矢印によって示され，アウトプットされた原材料名（廃棄物と汚染物質）が，ボックスから出る下矢印によって示される。

たとえば，図表1.2.4の左側の「図版およびデザインの作成1.1」であれば，紙とスプレー糊がインプットされ，廃紙と揮発性有機化合物（VOCs）がアウトプットされる。

マテリアル・アカウンティングのように，「各工程への原材料のインプット・アウトプットすべての把握」を行うと言う考え方は，以下の各手法で見られる。

まず，先述した USEPA の「マニュアル」の2つ目の特徴である「マテリアルと熱量のバランス」に見られる。マニュアルでは「インプット量＝アウ

図表1.2.4　マテリアル・アカウンティング（オフセットリソグラフ印刷作業の例）

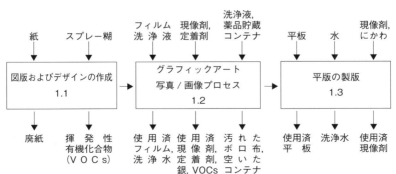

出所：Pojasek［1997a］図表2．

トプット量＋残高量」の考え方で，生産プロセスへの物質のインプット・アウトプット量の把握を行うこととされる（先述，2.1項参照）。

次に，後述する1990年代前半のB.Wagnerの「エコバランス」における「生産プロセスの物質のインプット・アウトプットの把握」では，インプット・アウトプットの量がバランスすることは考慮されていないように思われるが，生産プロセスでの物質のインプット・アウトプットを把握することを指示するものである（後述，3.1項参照）。

そして，ドイツ環境省・環境庁（BMU・UBA）の「環境原価計算」では「物質・エネルギーバランスの把握」を行うこととされ，生産プロセスにおける，インプットとアウトプットの物質のフローである物質・エネルギーバランスを示すことで，生産プロセスを対象として発生する全インプットと全アウトプットを正確に把握することとされる（後述，3.2項参照）。

さらに，B.WagnerとM.Strobelが開発した「フローコスト会計」では，「物量センターからアウトプットされるマテリアルの重量の把握」を行うこととされ，物量センターからアウトプットされるマテリアル（つまり，原材料，中間製品，製品，廃棄物等を含む）の重量は「期首有高＋当期インプット量－期末有高」の計算式によって計算がされるのである（後述，3.3項参照）。

2.2.3　マテリアル・アカウンティング：原材料の物量とコストの把握

マテリアル・アカウンティングのもう1点の特徴の「原材料の物量とコストの把握」についてである。

前掲の図表1.2.4では原材料名のみ示してあるが，マテリアル・アカウンティングでは，生産プロセスにおける各工程で使用および損失した原材料，エネルギー，および水について，物量とコストを把握し，汚染の根本原因の発見・解決を目指すとされている[14]。

つまり，物量とコストの両方の情報によって，原因の特定と解決を行うと言うことから，「環境面」と「経済面」の両面を視野に入れた手法と考えられるのである。この点については，以下の各手法においても見られる点である。

まず，先述した USEPA の「マニュアル」の3つ目の特徴である「原材料コストの削減」である。マニュアルの廃棄物最小化アセスメント手順における第3段階の「実行可能性分析」では，選択された方法を評価する際に，「技術的な評価」に加えて「経済的な評価」を行うこととされ，また，廃棄物の廃棄コストを削減する（又は除去する）こと，および，インプットされる原材料のコストを削減することを言う，経済的な目標が掲げられているのである。また，廃棄物最小化アセスメント手順における第3段階の実行可能性分析の前段階である「アセスメント」においても，アセスメントで必要とされる情報として，環境情報に加えて，経済的情報も必要とされているのである（前述，2.1項参照）。

　次に，ドイツ環境省・環境庁（BMU・UBA）の「環境原価計算」における「環境関連の原価の計算」においては，費目別原価計算，部門別原価計算，および製品別原価計算によって，より精密な環境関連の原価計算を行うものであり，環境原価計算によって，たとえば，調達コストを引き下げ，資源を保護することができるとされる（後述，3.2項参照）。

　そして，B.Wagner と M.Strobel が開発した「フローコスト会計」の「フローコスト・マトリックス」では，物量センターからアウトプットされるマテリアルの重量の把握を行った後に，マテリアルの購入単価からマテリアルコストを計算し，生産プロセスにおけるロスの金額を把握し，原材料のコストの削減に向けて努力を行うこととされるのである（後述，3.3項参照）。

3　ドイツにおける MFCA の起源と特徴

　前節ではアメリカにおける MFCA の起源と特徴を見てきたが，本節ではドイツにおける MFCA の起源と特徴について見ていきたい。MFCA の起源と考えられる手法について，國部ほか[2010]では，環境管理会計におけるマテリアルフローをベースとした手法を考察しているのであるが，ドイツにおけるマテリアルフローの起源として「エコバランス」を，そして，物量情報であるエコバランスを発展させ，金額情報による展開が模索され始めた際の試みとして「環境原価計算」を，さらに，環境原価計算が開発された同時

期の手法として B.Wagner と M.Strobel による「フローコスト会計（Flow Cost Accounting）」を挙げているのである。

そこで，エコバランス，ドイツ環境省・環境庁（BMU・UBA）の環境原価計算，およびフローコスト会計を，ドイツにおける MFCA の起源と想定し，これらの特徴について検討を行いたい。

3.1 マスバランスからエコバランスへ

マスバランスとは，企業に入る物質と企業から出る物質を，物質の種類ごとに物量で測定・表示する方法によって，企業による物質面での生態系への負荷を明らかにするものである[15]。

たとえば，現在の発展したマスバランス表として，NEC の環境アニュアルレポートにおけるマスバランスを示しておきたい（図表1.3.1を参照）。

NEC では，取引先から資材を調達して製品の製造を行い，自社において製造された製品を消費者へと販売している。図表1.3.1のマスバランスは，NEC の事業活動の流れのなかで，自社における製品の製造に関連する事業活動のみを対象として，作成されたものである[16]。

図表1.3.1に示すように，2012年度の NEC における事業活動へインプットされたものは，電気・ガス・燃料・水・化学物質・紙・包装材であり，アウトプットされたものは，CO_2・NO_X・SO_X・排水・BOD・一般廃棄物・産業廃棄物である。

たとえば，インプットにおける化学物質とは，生産プロセスのなかで使用

図表1.3.1　NEC の事業活動マスバランス

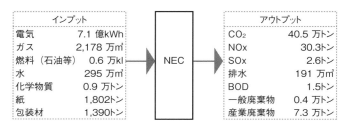

出所：http://www.nec.co.jp/eco/ja/announce/mass/ を一部修正。

される法規制の対象となる化学物質（毒物，劇物，危険物，有機溶剤，特定化学物質，PRTR[17]対象物質）からなるものを言うが，NECでは0.9万トンになっている。

また，アウトプットにおけるBOD（Biochemical Oxygen Demand：生物化学的酸素要求量）とは，排水中に含まれる汚濁物質（有機物）が微生物によって酸化分解されるのに必要とする酸素量を言うが，NECでは汚濁物質量（汚水量×汚濁物質濃度）をBODとして計算を行い，その量は1.5トンとなっている。

このようにマスバランスでは，各物質の当該企業へのインプットの総量と企業からのアウトプットの総量が明示されるのである。

しかし，中嶋・國部[2002]ではマスバランスには欠点があるとされ，マスバランスとは，企業による物質面での生態系への負荷を明らかにするものであり，現状を把握するには有効なツールであるが，企業経営にとっては，優先して対処すべき物質は何かと言う，具体的な経営改善の判断材料として利用をするのには限界があるとされる[18]。

そこで，この問題を解決するために，「マスバランス」に代わり「エコバランス」が考えられたのである[19]。

3.1.1 エコバランス

エコバランス（Ökobilanz/Ecobalances）とは，ある組織において発生した資源，原材料，エネルギー，完成品および廃棄物について，物質的なインプットとアウトプットを測定・分析・記録するための体系的手法である。

1980年代後半に，ベルリンの環境経済研究所（Institut für ökologische Wirtschaftsforschung）では，企業全体の環境への影響を測定する研究プロジェクト発足され，その成果として，企業の生産活動・生産プロセス・製品による環境への影響を測定・分析を行うエコバランスが生まれたのである[20]。

そして，1991年に，B.Wagnerによって，ドイツのKunert社[21]の1989年と1990年のデータから，初めてエコバランスが作成されるのである。同社の初期のエコバランスを入手することが難しかったため，

Rauberger=Wagner[1999]における1996年の同社のエコバランスを見てみよう。それは図表1.3.2に示すものである[22]。

このように，マスバランス，および，それに代わるエコバランスは，水，空気，排水，廃棄物，排熱，重金属，NO_X，SO_X，CO_2といった自然環境へ影響を与える可能性がある物質の物質量を把握し，当該物質の投入・排出量の削減によって，環境への負荷の低減を目指すと言う「環境面」での改善に重点を置いたものとなっているように思われる。

また，図表1.3.2に示すエコバランスでは，先述したマスバランスとの大きな違いが見られ，それは，インプットとして原材料・半製品・完成品が，アウトプットとして製品である靴下，ジャケットが把握されている点である。すなわち，マスバランスでは，環境負荷物質を把握しているが，企業の生産プロセスにおける原材料・半製品・完成品について把握がされていなかったが，エコバランスでは，それらが把握されているのである。

つまり，マスバランスは，エコバランスに比べて，環境面での配慮を行いつつ，製品自体に関する情報も把握することで，具体的な経営改善を行うの

図表1.3.2　Kunert 社のエコバランス

インプット		アウトプット	
原材料 [kg]	2,992,878	靴下 [kg]	4,432,403
半製品・完成品 [kg]	1,954,433	ジャケット [kg]	339,823
染料 [kg]	60,310	輸送時の梱包材 [kg]	735,196
化学物質 [kg]	1,071,012	製品の包装材 [kg]	1,808,171
製品の包装材 [kg]	1,824,532	排水 [kg]	83,687
製品の塗布 [kg]	85,553	リサイクルされる廃棄物 [kg]	1,472,896
補助材料 [kg]	1,325,893	処分される廃棄物 [kg]	171,040
電気 [MWh]	101,635	排熱 [MWh]	記録なし
水 [m³]	373,620	排水 [m³]	284,662
空気 [m³]	記録なし	重金属 [kg]	30
		NO_X [kg]	52,159
		SO_X [kg]	192,029
		CO_2 [kg]	30,837,598

出所：Rauberger=Wagner［1999］p.175より作成。

に役立つものとなっているように思われる。

3.1.2 生産プロセスの物質のインプット・アウトプットの把握

　上述したように，エコバランスでは，生産プロセスへインプット，および生産プロセスからアウトプットする物質名とその重量を把握する点に特徴があると考えられる。この「生産プロセスの物質のインプット・アウトプットの把握」の特徴点は，他の手法においても見られる点である。なお，エコバランスでは，インプットとアウトプットがバランスすることは考慮されていないが，以下の手法では，インプットとアウトプットがバランスするとの考えになっている。

　まず，先述したUSEPAの「マニュアル」における2点目の特徴の「マテリアルと熱量のバランス」である。この考え方は，生産プロセスに入るマテリアルのインプット量は，そのプロセスから出たマテリアルのアウトプット量とプロセスに仕掛品等の形で留まる量（残高量）の合計と，等しくなると言うものである。マニュアルでは，計算式「インプット量＝アウトプット量＋残高量」によって，生産プロセスへの物質のインプット・アウトプット量の把握を行うことを求めているのである（先述，2.1項参照）。

　次に，Pojasekの「システムズ・アプローチ」における「マテリアル・アカウンティング」の1点目の特徴である「各工程への原材料のインプット・アウトプットすべての把握」では，プロセスマップによって生産プロセスのつながりが図示され，さらに，マテリアル・アカウンティングによって，生産プロセスの各工程において使用・廃棄された原材料名が追加されるものである（前述，2.2項参照）。

　そして，後述する，ドイツ環境省・環境庁（BMU・UBA）の「環境原価計算」における「物質・エネルギーバランスの把握」では，「生産プロセス」にインプットされた物質名と物質量，および「生産プロセス」からアウトプットされた物質名と物質量の把握を行うものである（後述，3.2項参照）。

　さらに，後述する，B.WagnerとM.Strobelの「フローコスト会計」では，「物量センターからアウトプットされるマテリアルの重量の把握」が行われ，物量センターからアウトプットされるマテリアル（つまり，原材料，

中間製品，製品，廃棄物等を含む）の重量が「期首有高＋当期インプット量－期末有高」の計算式によって計算されるのである（後述，3.3項参照）。

3.2 ドイツ環境省・環境庁による環境原価計算

上述した物量情報であるエコバランスを発展させて，金額情報による展開が模索され始めた際の試みが「環境原価計算」である。

ドイツ環境省・環境庁（BMU・UBA）が1996年に作成した『環境原価計算ハンドブック』（BMU・UBA[1996]）（以下，環境原価計算と言う）とは，企業の環境保護措置が環境面と経済面の両面に与える影響を調査するプロジェクトの成果をまとめたものである[23]。

結論を先に述べると，環境原価計算では，その計算構造は，環境関連の原価のより精密な把握を意図していることから，コストの削減を意識したものであり，「経済面」に重点が置かれているように思われる。では，環境原価計算について見ていこう。

環境原価計算の特徴は2つあると考えられ，1つは，「物質・エネルギーバランスの把握」を行う，つまり，各工程へのインプット・アウトプットを把握する考え方である。そして，もう1つの特徴は，費目別原価計算，部門別原価計算，および製品別原価計算によって，より精密な「環境関連の原価の計算」を行う点である。

3.2.1 物質・エネルギーバランスの把握

まず，1つ目の特徴である「物質・エネルギーバランスの把握」についてである。環境原価計算では，原価計算に先立って，「物質・エネルギーバランスの把握」を行うように指示がされる。と言うのは，物質・エネルギーバランスの把握を行うことによって，生産プロセスにおける，隠れた環境関連のコストが明らかにされ，より精密に環境関連のコストが環境関連の原価として，原価計算に反映されるからである[24]。

物質・エネルギーバランスの把握はどのように行われるかであるが，その方法は2つある。1つは，企業全体を対象として発生する全インプットと全アウトプットを正確に計測し計算を行う「トップダウン・アプローチ」であ

る。もう1つは，企業における個々の生産プロセスを対象として発生する全インプットと全アウトプットを正確に観察することによって，すべての設備，あるいは少なくとも生産に重要な設備へ，どのように，どれだけの原材料とエネルギーとが消費されているかを調べる「ボトムアップ・アプローチ」である[25]。

2つの方法の大きな違いとしては，企業全体を対象とするのか，または，企業内の個々の生産プロセスを対象とするのか，と言う点が考えられる。環境原価計算では，前者のアプローチでは生産プロセス全体における物質のフローが不明確であるとの理由によって，後者の「ボトムアップ・アプローチ」を推奨しているように思われる[26]。よって，対象を生産プロセスとするボトムアップ・アプローチについて見ていこう。

ボトムアップ・アプローチでは，上述したように，企業全体ではなく，「生産プロセス」にインプットされた物質名と物質量，および「生産プロセス」からアウトプットされた物質名と物質量の把握が行われるのである。

具体的には，インプットとしては，ガス・燃料・電気・原材料・補助材料が考えられ，アウトプットとしては，排水・廃棄物・排ガスが考えられるとされ，インプットとアウトプットがされる物質に関する，数量，値段，特徴等の情報は，納品書・倉庫への搬入記録，危険物受取り記録等から把握することとされる。

そして，工場のレイアウト図および生産の作業工程図等の情報とともに，生産プロセスにおける，インプットとアウトプットの物質のフローを示す，物質・エネルギーバランスが作成される[27]。

図表1.3.3に示す，印刷板の生産プロセスにおける物質・エネルギーバランスの把握を見てみよう。

図表1.3.3に示したように，印刷版の生産プロセスでは，インプットは，原材料の印刷板，補助材料の接着剤，製造原材料の現像用光化学薬品・フィルム・薄板，エネルギーとして電気・ガスである。

そして，アウトプットは，大気汚染物質のCO_2・NO_X，主要製品である印刷板，廃棄物である廃現像液・廃定着液，諸排水である排水・製造排水である。図表1.3.3では，物質名のみを示しているが，実際にはさらに各物質の重

図表1.3.3　印刷版の生産プロセスにおける物質・エネルギーバランスの把握

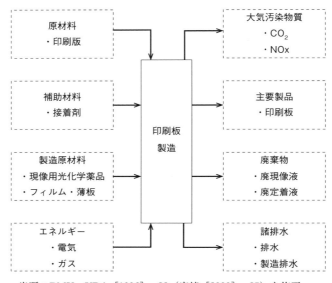

出所：BMU・UBA［1996］p.38（宮崎［2000］p.35）を修正。

量が記載されることとなる。

　なお，図表1.3.3では，ボックスと矢印を使う表現方法であるが，その方法は図表1.3.3のスタイルに限定しないものである。重要な点は，従業員が製造プロセスにおける物質・エネルギーの関連性を流れに沿って理解できるようなプロセスバランスとすることであり，フローチャートやグラフなどの図表を使った，見やすく理解しやすい表現・提示方法を選択すべきとされる[28]。

　環境原価計算における「物質・エネルギーバランスの把握」を行う点については，その他の手法にも見られる点である。

　まず，先述したUSEPAの「マニュアル」の特徴である「マテリアルと熱量のバランス」を把握する点である。マニュアルでは，あるプロセスに入るマテリアルの量（インプット量）が，そのプロセスから出たマテリアルの量（アウトプット量）と，そのプロセスに仕掛品等の形で留まる量（残高量）の合計と，等しくなるとの考え方にもとづき，インプット量とアウトプット量は「インプット量＝アウトプット量＋残高量」の式で表される。

環境原価計算における「物質・エネルギーバランスの把握」では，計算式は示されていないが，生産プロセスを対象として発生する全インプットと全アウトプットを正確に把握することを求めており，USEPA のマニュアルと類似のように思われる（先述，2.1項参照）。

次に，Pojasek の「システムズ・アプローチ」における「マテリアル・アカウンティング」の1点目の特徴である「各工程への原材料のインプット・アウトプットすべての把握」では，プロセスマップで生産プロセスのフローを把握した後に，生産プロセスの各工程で使用・廃棄された原材料・エネルギー・水について，インプット・アウトプットを把握するものである（前述，2.2項参照）。

環境原価計算における物質・エネルギーバランスの把握では，生産プロセスにインプットされた物質名と物質量，および生産プロセスからアウトプットされた物質名と物質量の把握を行うとされており，システムズ・アプローチにおけるマテリアル・アカウンティングと類似しているように思われる。

また，B.Wagner の「エコバランス」における「生産プロセスの物質のインプット・アウトプットの把握」では，インプット・アウトプットの量がバランスすることは考慮されていないが，ある組織において発生した資源，原材料，エネルギー，完成品および廃棄物について，インプットとアウトプットを把握するものである（前述，3.1項参照）。

環境原価計算における物質・エネルギーバランスの把握においても，生産プロセスへインプット・アウトプットされた物質名と物質量の把握が行われており，B.Wagner のエコバランスとは類似のように思われる。

そして，後述する B.Wagner と M.Strobel の「フローコスト会計」における「物量センターからアウトプットされるマテリアルの重量の把握」と言う特徴点では，生産プロセスの各物量センターからアウトプットされるマテリアルの重量が把握されるのである（後述，3.3項参照）。

以上は，原価計算に先立って行われる物質・エネルギーバランスの把握であり，この後には，環境関連のコストが，費目別原価計算，部門別原価計算，および製品別原価計算で，把握されるのである[29]。

3.2.2 環境関連の原価の計算

では，もう1つの特徴である「環境関連の原価の計算」を行う点についてである。環境原価計算の概要について見てみよう（図表1.3.4参照）。

まず，上述したように，原価計算に先立って「物質・エネルギーバランスの把握」（図表1.3.4の左側を参照）が行われる。

次いで，費目別原価計算において（図表1.3.4の左側を参照），直接費と間接費が環境保護に非関連か関連かに分けて把握がされ，間接費については，さらに，部門個別費と部門共通費の区分がされる。

そして，部門別原価計算において（図表1.3.4の中央の上部を参照），1次集計が行われ，間接費のうち部門個別費は，製造部門で使用する動力を提供し機械の修繕を行い間接的に製造へ関与する補助原価部門，材料の切断や組み立てを行い直接的に製造へ関与する主要原価部門，および製品の販売や管理を行う販売・管理部門に配分されるとともに，部門共通費は，機械の稼働時間である機械作業時間率等の配賦基準によって，補助原価部門，主要原価部門および販売・管理部門に配賦されることとなる。

さらに，部門別原価計算において2次集計が行われ（図表1.3.4の中央の下

図表1.3.4　環境原価計算の概要

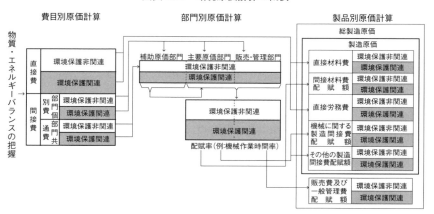

出所：BMU・UBA［1996］p.58（宮崎［2000］p.63）に加筆・修正。

部を参照），補助原価部門の間接費が，機械作業時間率等の配賦基準によって，主要原価部門および販売・管理部門へ配賦されることとなる。

最後に，製品別原価計算において（図表1.3.4の右側を参照），直接材料費，間接材料費配賦額，直接労務費，機械に関する製造間接費配賦額（図表1.3.4では機械作業時間率によって間接費が配賦されたと想定しているため），およびその他の製造間接費配賦額が集計され，1つの製品における総製造原価の内訳が，費用ごとに環境保護に非関連・関連かで明らかにされる。

なお，図表1.3.4においては，間接費のうち環境保護非関連の間接費と環境保護関連の間接費の両方を，単一配賦基準（機械作業時間率としている）によって，補助原価部門，主要原価部門，および販売・管理部門へ配賦を行う場合を示しているが，間接費のうち環境保護関連の間接費を，たとえば，廃棄物・排水・排気等の項目に分類し，各項目に，各々別個の配賦基準を適用することによって，各部門への配賦を行うことも可能とされ，間接費のうち環境保護関連の間接費を，廃棄物・排水・排気等の項目に分類した場合には，たとえば廃棄物の項目であれば，廃棄物の発生量を基準とした配賦基準によって，各部門へ配賦を行うこととなる[30]。

先述したように，「費目別原価計算」，「部門別原価計算」，および「製品別原価計算」を行うにあたり，「物質・エネルギーバランスの把握」がされるのであるが，気になる点は，「物質・エネルギーバランスの把握」で把握された環境負荷のすべてが，環境関連の原価として，費目原価計算等の原価計算に含められるのか，つまり，原価計算にはどのようなコストが入るのか，と言うことである。

環境関連の原価とは，環境保護対策のための負担である「環境保護対策コスト」と，環境負荷を修復・除去するための負担である「環境負荷コスト」からなる。前者の環境保護対策コストについては，企業が負担して，企業の内部コストとなるが，後者の環境負荷コストについては，企業が負担して企業の内部コストとなるものと，企業ではなく社会が負担して外部コストとなるものがある[31]。

たとえば，企業からの排水について言えば，排水から環境を保護するため

の負担として「環境保護対策コスト」が生じるのであるが，企業が企業外への排水時に浄化設備を備えた場合には，環境保護対策コストは，企業が負担する内部コストと考える。

また，企業からの排水が環境へ負荷を与えた場合には，環境負荷を修復・除去するための負担として「環境負荷コスト」が生じる。企業が環境へ負荷を与えた排水の処理を行った場合には，環境負荷コストは，企業が負担する内部コストと考える。しかし，排水によって，河川の水質が悪化した場合には，発生原因の企業が負担する内部コストではなく，社会が負担する外部コストと考える。つまり，河川や大気のように，環境負荷の範囲が広範囲となる場合には，外部コストと考えるのである[32]。

しかし，実際の現場においては，何を内部コストとするのかの線引きは難しいであろう。そこで，実務において役立つように，BMU・UBA[1996]では，付録Ⅱにおいて，基準を示し，環境関連の原価の把握がより精密に行われるようにしている。

付録Ⅱでは，たとえば，費目の1つである原材料費については，「環境上好ましい原材料の投入により発生する超過コストを計算する。ある原材料を純粋に環境上の理由から追加投入する場合には，追加される原材料のコストを計算する」（BMU・UBA[1996]（宮崎[2000]p.198））とし，原材料費を，環境関連の原価として計算する際の基準を示しているのである。

以上，環境原価計算における原価の計算方法を見てみると，環境原価計算とは，物質・エネルギーバランスの把握によって，生産プロセスにおいて隠れた環境関連のコストを明らかにし，費目別原価計算，部門別原価計算，および製品別原価計算によって，環境関連の原価のより精密な把握を行うものと考えられる。それは，環境原価計算が環境関連のコストを削減することを目的とするためであり，環境原価計算は「経済面」に重点が置かれた手法と言えるであろう。

また，「経済面」に重点が置かれていることは，環境原価計算の目的からも見て取れる。

「現在実施されている通常の原価計算は，環境分野における合理化の可能性を発見するのに必要な，全データを提供しているわけではない（－中略

－）このハンドブックを利用すれば環境保護の面で，また経済的に見て有意義な対策を，すべて実現できるようになる」（BMU・UBA[1996]（宮崎[2000]pp.2・3））とされ，たとえば，以下の点が環境原価計算によって達成できるとされる[33]。

・調達コストを引き下げ，資源を保護する
・エネルギーコストを節減し，大気汚染と資源消費とを低減させる
・廃棄物を再利用することができ，それによって廃棄物処理費用と調達コストを削減し，廃棄物の埋め立て地の負担を軽くする

このような，環境原価計算における「環境関連の原価の計算」の特徴は，他の手法においても見られる。

まず，先述したUSEPAの「マニュアル」の3つ目の特徴である「原材料コストの削減」である。マニュアルの廃棄物最小化アセスメント手順における第3段階の「実行可能性分析」では，選択された方法の評価は「技術的な評価」および「経済的な評価」によるとされ，さらに，廃棄物の廃棄コストを削減する（又は除去する）こと，および，インプットされる原材料のコストを削減すると言う，「経済的な目標」が掲げられている。また，廃棄物最小化アセスメント手順における第3段階の実行可能性分析の，前段階である「アセスメント」においても，アセスメントで必要とされる情報として，環境情報のみならず「経済的情報」も必要とされているのである（前述，2.1項参照）。

次に，Pojasekの「システムズ・アプローチ」の，「マテリアル・アカウンティング」における2点目の特徴である「原材料の物量とコストの把握」では，プロセスマップで原材料の流れを把握した後に，各工程で使用および損失した原材料，エネルギー，および水についての物量とコストを把握し，物量情報と金額情報によって，汚染の根本原因の発見・解決を目指すものである（先述，2.2項参照）。

そして，B.WagnerとM.Strobelが開発した「フローコスト会計」の「フローコスト・マトリックス」では，物量センターからアウトプットされるマテリアルの重量とマテリアルの購入単価からマテリアルコストを計算する。そして，生産プロセスにおけるロスの金額を把握し，原材料のコストの削減

に向けて努力を行うこととされる（後述，3.3項参照）。

　なお，環境原価計算において，物質・エネルギーバランスを把握する方法である「ボトムアップ・アプローチ」が，対象範囲を企業全体から生産プロセスとした点は，以前のエコバランスが企業全体であったことからすると大きな変化であり，後に，B.Wagner と M.Strobel が開発したフローコスト会計が，対象範囲を生産プロセスとすることへ，通じるものと考えられる。

3.3 WagnerとStrobelによるフローコスト会計

　ドイツにおいて，エコバランスおよび環境原価計算が開発されるなかで，「フローコスト会計」の誕生のきっかけとなったのは，ドイツ統計局によって，ドイツ企業における製造部門のコスト構造が調査され，コスト全体に占める原材料のコストが著しく高いと言う結果が出されたことである。

　たとえば，1999年では，コスト全体に占める原材料のコストは56％，人件費が25％，減価償却費・賃貸料・リース料が6％，その他のコストが13％の結果となり，特に原材料のコストに関しては，他のコストと比べると高い割合となった[34]。

　そこでドイツでは，原材料のコストを削減するために，生産プロセス内のマテリアルフローの透明性を高めることによってマテリアルコストを削減しようと言う，マテリアルフローによるマネジメントが行われるようになり，B.Wagner と，環境マネジメント研究所（Institut für Management und Umwelt：IMU）の M.Strobel がフローコスト会計（Flow Cost Accounting）を開発することとなる。なお，Jasch[2009]ではフローコスト会計を MFCA として説明をしており，フローコスト会計とは MFCA のことと解してよいが，本書では，Strobel=Redman[2002]の記述に従いフローコスト会計と称する[35]。

　では，フローコスト会計とはどのようなものであるのか。その特徴は3点あると考えられる。1点目は「生産プロセスのフロー図」であり，2点目は「物量センターからアウトプットされるマテリアルの重量の把握」，そして，3点目は「フローコスト・マトリックス」である。

3.3.1　生産プロセスのフロー図

　まず1点目の特徴点についてである。図表1.3.5に示す「生産プロセスのフロー図」は，Strobel=Redman[2002]において，フローコスト会計の基本的な考え方として説明がされているものである。

　図表1.3.5では，左から右へ，マテリアルの生産プロセス内での流れを示すとともに，生産プロセス内の各工程をボックスで示すものである。なお，図表内のマテリアルコスト，システムコスト，配送・廃棄処分コストは後述する。

　マテリアル（原材料）の流れを見ていこう。マテリアル（原材料）は，供給業者から納入されると，「原材料倉庫」へ保管される。次に，生産のために原材料倉庫から「生産」へ投入される。さらに，生産において加工が施され，いったん中間製品として「中間製品倉庫」へ保管される。

　そして，再び，生産に投入されるために中間製品倉庫から「生産」へと入り，生産を経て完成をすると「品質管理」へと投入される。最後に，完成品として「完成品倉庫」へ投入され，顧客のもとへ配送されることとなる。

図表1.3.5　生産プロセスのフロー図

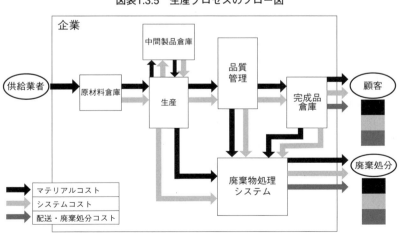

出所：Strobel=Redman［2002］図5-4を一部修正。

また，フローコスト会計では，工程において発生した廃棄物の流れも把握され，発生した廃棄物は企業内の「廃棄物処理システム」へと流れていくのである。

　このような，フローコスト会計における生産プロセスのフロー図は，他の手法においても見られる。

　まず，先述したUSEPAの「マニュアル」における1点目の特徴である「プロセスフロー図」においても見られる。USEPAの「マニュアル」では，廃棄物最小化アセスメント手順の第2段階（アセスメント）において，アセスメントプログラム（目標）の評価を行うために，5項目（デザイン情報，環境情報，原材料／製品の情報，経済的情報，その他の情報）の情報を収集するように求めているのであるが，それら5項目のうちのデザイン情報の項目では「プロセスフロー図」を用いて生産プロセスの情報を収集・把握するように求めているのである（前述，2.1項参照）。

　そして，先述したPojasekの「システムズ・アプローチ」における「プロセスマップ」においても見られる特徴である。Pojasekのプロセスマップでは，複雑な生産プロセスにおける各工程を階層的に示すことで，生産プロセスのフローを把握するものである（前述，2.2項参照）。

3.3.2　物量センターからアウトプットされるマテリアルの重量の把握

　では，フローコスト会計の2点目の特徴点の「物量センターからアウトプットされるマテリアルの重量の把握」についてである。

　生産プロセスのフロー図においてボックスで示される各工程は，マテリアル（原材料・中間製品・製品・廃棄物等）が加工または貯蔵される箇所であり，「物量センター（quantity center）」と呼ばれるものである。前掲の図表1.3.5においては，原材料倉庫・生産・中間製品倉庫・品質管理・完成品倉庫・廃棄物処理システムで示した箇所である。

　そして，生産プロセスの各物量センターにおいて，各物量センターからアウトプットされるマテリアルの重量が「期首有高＋当期インプット量－期末有高」の計算式によって計算がされる。

　たとえば，物量センターである原材料倉庫から，次の物量センターである

生産へアウトプットされるマテリアルの重量は，次のように計算がされる。

　原材料倉庫において，期首時点のマテリアルが5kg，当期にインプットされたマテリアルが95kg，そして期末時点のマテリアルが20kgの場合で考えてみよう。

　その場合には，「期首有高（5kg）＋当期インプット量（95kg）－期末有高（20kg）」によって，次の物量センターである生産へアウトプットされるマテリアルの重量が80kgと計算されることとなる。

　このように，各工程におけるインプット・アウトプットを把握する考え方は，これまでにも述べたように，他の手法においても見られる点である。

　先述の，USEPAの「マニュアル」の2つ目の特徴である「マテリアルと熱量のバランスを把握する点」においても見られ，マニュアルでは「インプット量＝アウトプット量＋残高量」の考え方で，生産プロセスへの物質のインプット・アウトプット量の把握を行うこととされる（先述，2.1項参照）。

　次に，Pojasekの「システムズ・アプローチ」における「マテリアル・アカウンティング」の1点目の特徴である「各工程への原材料のインプット・アウトプットすべての把握」では，プロセスマップによって生産プロセスのフローを把握した後に，生産プロセスの各工程で使用・廃棄された原材料・エネルギー・水について，インプット・アウトプットのすべてを把握することとされる（前述，2.2項参照）。

　さらに，B.Wagnerの「エコバランス」では，インプット・アウトプットの量がバランスすることは考慮されていないものの，「生産プロセスでの物質のインプット・アウトプットの把握」を行うこととされる（前述，3.1項参照）。

　そして，ドイツ環境省・環境庁（BMU・UBA）の「環境原価計算」における「物質・エネルギーバランスの把握」である。環境原価計算では，工場のレイアウト図および生産の作業工程図等の情報とともに，生産プロセスにおける，インプットとアウトプットの物質のフローを示す，物質・エネルギーバランスが作成されるのである（前述，3.2項参照）。

3.3.3 フローコスト・マトリックス

では，フローコスト会計の3点目の特徴の，「フローコスト・マトリックス」についてである。

フローコスト・マトリックスでは，各物量センターでは「マテリアルのアウトプット重量×マテリアルの購入単価」によって「マテリアルコスト」が計算される。前掲の図表1.3.5においては，濃い矢印で示したものがマテリアルコストである[36]。

次に，各物量センターでは「システムコスト」と「配送・廃棄処分コスト」が計算される。

前者のシステムコスト[37]とは，マテリアルに関連するスタッフの人件費や工場設備の減価償却からなるコストである。前掲の図表1.3.5においては，やや濃い矢印で示したものがシステムコストある。各物量センターにおけるシステムコストは，マテリアルのアウトプット量を配賦基準として，次の物量センターへ配賦されることとなる。

後者の配送・廃棄処分コストとは，マテリアルの配送・廃棄処分からなるコストである。前掲の図表1.3.5においては，薄い矢印で示したものが配送・廃棄処分コストである。配送・廃棄処分コストとは，完成品倉庫からアウトプットされる製品の配送にかかる金額と，廃棄物処理システムからアウトプットされる廃棄物の企業外部での廃棄処分にかかる金額である。

では，これらコストのうち「マテリアルコスト」と「配送・廃棄処分コスト」について，Strobel=Redman[2002]における数値例で確認してみよう。なお，Strobel=Redman[2002]では，「マテリアルコスト」と「配送・廃棄処分コスト」のみを示しており，システムコストを表示していない。

図表1.3.6に示すように，ある企業の生産プロセスに原材料が220kgインプットされた場合（なお，購入価格を1kg当たり1ドルとした場合）を想定する。

物量センターの原材料倉庫では，期首在庫5kg，期末在庫18.5kg，および廃棄物1.5kgとした場合には，「原材料倉庫」からは次の「生産」へ205kg（期首有高（5kg）＋当期インプット量（220kg）－期末有高（18.5kg）－廃

図表1.3.6 フローコスト会計におけるマテリアルコストと配送・廃棄処分コストの把握

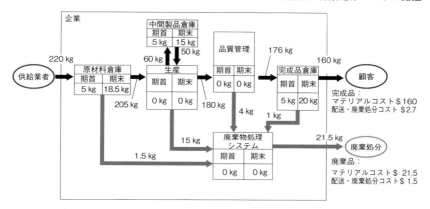

出所：Strobel=Redman［2002］図 5 - 8 に一部加筆修正。

棄物（1.5kg））がアウトプットされる。

　生産プロセスのフローの最後では，完成品倉庫からは完成品として160kgがアウトプットされ，また，廃棄物処理システムからは廃棄物として21.5kgがアウトプットされる（図表1.3.6の右端参照）。

　そして，完成品160kgと廃棄物21.5kgに，原材料の購入単価1ドルを乗じて，完成品は160ドル，廃棄物は21.5ドルのマテリアルコストが計算される。なお，廃棄物の場合にはマテリアルコストではなく「マテリアルロス」と言う。

　さらに，完成品の配送の費用が2.7ドル，廃棄物の廃棄処分の費用が1.5ドルとした場合には，2.7ドルと1.5ドルが，配送・廃棄処分コストとして把握される。

　最終的に，フローコスト会計では，「フローコスト・マトリックス」を作成し，フローコスト会計の金額データを簡素化してマトリックスで表す。

　このフローコスト・マトリックスにおいて，横軸はマテリアルコスト，システムコスト，および配送・廃棄処分コストからなり，縦軸は良品の金額を示す「製品」と「包装」，廃棄物の金額を示す「マテリアルロス」からなる。そして縦横の行列の合計金額が外枠に示される。

図表1.3.7 「フローコスト・マトリックス」の例 (単位:ドル)

コスト 各項目	マテリアルコスト	システムコスト	配送・廃棄処分コスト	計
製品	120	25	0.2	145.2
包装	40	25	2.5	67.5
マテリアルロス	21.5	6.4	1.5	29.4
計	181.5	56.4	4.2	242.1

出所:Strobel=Redman[2002]図5-9を一部加筆修正。

　たとえば,前掲の図表1.3.6のフローコスト会計の金額データをフローコスト・マトリックスによって示すと,図表1.3.7のような表になる。なお,Strobel=Redman[2002]では,マテリアルコストと配送・廃棄処分コストは,前掲の図表1.3.6において把握された金額が図表1.3.7へ集計されているが,システムコストと,各項目のうち製品と包装については,計算過程が明示されずに,図表1.3.7の「フローコスト・マトリックス」へ金額が集計されている。

　図表1.3.7の各項目の欄における製品と包装は良品であり,マテリアルロスは廃棄物からなる。この例におけるマテリアルコストは,製品が120ドル,包装が40ドル,マテリアルロスが21.5ドル,合計金額で181.5ドルとなる。

　次にシステムコストは,各物量センターにおけるマテリアルのアウトプット量を配賦基準として各物量センターに配賦がされる。この例におけるシステムコストの合計56.4ドルは,製品へ25ドル,包装へ25ドル,マテリアルロスへ6.4ドルが配賦される。

　そして配送・廃棄処分コストは,完成品倉庫からアウトプットされる製品の配送にかかった金額と,廃棄物処理システムからアウトプットされる廃棄物の企業外部における廃棄処分にかかった金額である。この例における配送・廃棄処分コストは,製品が0.2ドル,包装が2.5ドル,マテリアルロスが1.5ドル,合計金額で4.2ドルとなる。

　フローコスト会計の「フローコスト・マトリックス」ように,廃棄コストと原材料のコストを把握すると言う考え方は,他の手法においても見られる

点である。

　まず，先述のUSEPAの「マニュアル」の3つ目の特徴である「原材料コストの削減」である。マニュアルの廃棄物最小化アセスメント手順における第3段階の「実行可能性分析」では，選択された方法の評価は「技術的な評価」および「経済的な評価」によるとされる。また，廃棄物の廃棄コストを削減する（又は除去する）こと，および，インプットされる原材料のコストを削減すると言う，「経済的な目標」が掲げられている。さらに，廃棄物最小化アセスメント手順における第3段階の実行可能性分析の，前段階である「アセスメント」においても，アセスメントで必要とされる情報として，環境情報のみならず「経済的情報」も必要とされているのである（前述，2.1項参照）。

　次に，Pojasekの「システムズ・アプローチ」の，「マテリアル・アカウンティング」における2点目の特徴である「原材料の物量とコストの把握」である。マテリアル・アカウンティングでは，生産プロセスにおける各工程で使用および損失した原材料，エネルギー，および水について，「物量」と「コスト」を把握し，汚染の根本原因の発見・解決を目指すものである（先述，2.2項参照）。

　そして，ドイツ環境省・環境庁（BMU・UBA）の「環境原価計算」では，費目別原価計算，部門別原価計算，および製品別原価計算によって，より精密な「環境関連の原価の計算」を行うことで，たとえば，調達コストを引き下げ，資源を保護することができる，とされるものである（前述，3.2項参照）。

4　小括

　MFCAの起源と考えられる各手法を取り上げ，それらの目的と特徴点，および他の手法との関連について見てきた。各手法の目的・特色から，重点が置かれている面をまとめると，以下の図表1.4.1になる。

　まず，USEPAのマニュアルでは，目的は工場等からの廃棄物の最小化であり，収集される情報は環境情報と経済的情報と考えられる。

図表1.4.1　各手法の目的・特色・重点

手法 目的等	アメリカ		ドイツ		
	USEPA 1988年 廃棄物最小化機会 アセスメント・ マニュアル	Pojasek 1990年代後半 システムズ・ アプローチ	Wagner 1990年代前半 エコバランス	BMU・UBA 1996年 環境原価計算	Wagner = Strobel 2000年代前半 フローコスト会計
目　的	工場・企業からの廃棄物の最小化	汚染の根本原因の発見・解決	生態系への負荷を把握し具体的な経営改善の判断に利用	環境保護措置のコスト面からのメリットを示すこと	原材料のコストの削減
特　徴	環境情報と経済的情報の把握	原材料の物量とコストの把握	物質名と物質量の把握	環境関連コストの把握	マテリアルコスト等の把握
重　点	環境面と経済面	環境面と経済面	環　境　面	経　済　面	経　済　面

出所：筆者作成。

　次に，Pojasek のシステムズ・アプローチでは，目的は汚染の根本原因の発見・解決であり，収集される情報は原材料の物量とコストを把握することと考えらえる。

　また，Wagner のエコバランスでは，目的は企業の生産活動・生産プロセス・製品による生態系への負荷を把握し，経営改善の判断に利用することであり，収集される情報は環境負荷の可能性がある物質名・物質量と考えられる。

　そして，BMU・UBA の環境原価計算では，目的は環境保護措置によるコストメリットを示すことであり，収集される情報は環境関連原価のより精密な計算によって把握される環境関連コストと考えられる。

　さらに，Wagner=Strobel のフローコスト会計では，目的は原材料のコストを削減することであり，収集される情報は各物量センターからアウトプットされるマテリアルの重量と金額から計算されるマテリアルコスト，システムコスト，および配送・廃棄処分コストと考えられる。

　このように，MFCA の起源と考えられる各手法の目的・特徴を把握できたのであるが，各手法では，MFCA の目的とされる自然環境の改善のみな

らず，生産プロセスの改善にも資するものであるのかどうかである。

つまり，環境への負荷の低減のために，マテリアルの物質量の把握が重視されるのか，コスト削減による経営効率の改善のために，製品とマテリアルロスといった金額情報の把握が重視されることになるのかである。

各手法の目的と特色を相対的に見てみよう。

マニュアルおよびシステムズ・アプローチでは，環境への負荷の低減を目指し，かつ，生産プロセスにおける廃棄コストと原材料コストを削減することでコストの削減も図られると言う特徴が見られることから，環境情報と原材料の物質量の把握と言う環境面と，経済的情報とコストの把握と言う経済面を重視しているように思われる。

また，エコバランスについては，コスト志向は見られず，環境への負荷物質の把握を重視しており，環境面を重視していると考えられる。

そして，環境原価計算とフローコスト会計では，環境関連のコストを明らかにし，原価として集計する仕組みを持つことから，両手法ではコストの把握を重視しており，経済面を重視しているものと考えられる。

以上のような背景と経緯によって今日のMFCAが生まれ，環境管理会計の中の重要な手法として国際的な普及を見るに至ったと言うことができる。次章では2011年に発行されたMFCAの国際規格（ISO14051）について，その基礎となった「日本版MFCA」をスタートとして見ていくこととする。そして，国際標準としてのMFCAはどのような展開方向にあるのか，つまり，日本版MFCAからISO14051の規格化に至る議論のなかで，MFCAは環境面と経済面の両面を重視したものであるのか，どのような面を重視したものであるのかを検討していきたい。

（注）
1　國部ほか［2010］p.251。
2　國部ほか［2010］p.253。
3　USEPA［1988］によれば，廃棄物最小化（Waste minimization）は，1984年の有害・個体廃棄物改正法（HSWA : Hazardous and Solid Wastes Amendments）を受けて1984年に修正がされた資源保護回復法（RCRA : Resource Conservation and Recovery Act）によって，指令されている。また，経済産業省 http://www.meti.go.jp/「3 R政策」「海外情報」によれば，RCRAは1976年の制定以来，数回にわたり修正されてい

る。1992年にも連邦設備責任法（Federal Facility Compliance Act）が通過したことによって修正され，連邦設備でのRCRAが強化された。さらに，1996年の融通埋立て処分プログラム（Land Disposal Program Flexibility Act）により特定廃棄物の埋立て処分に関してRCRAが修正された。

なお，USEAPは，USEPA[1988]の改訂版として，1992年にFacility Pollution Prevention Guideを，2001年にAn Organizational Guide to Pollution Preventionを発表している。

4　國部ほか[2010]p.254。
5　USEAP[1992]においても汚染予防を行う際のフローチャートがあり，USEPA[1988]の廃棄物最小化アセスメント手順に類似している。

なお，USEPA[2001]では，これまでのUSEPA[1988][1992]における組織の汚染予防活動を「伝統的」汚染予防プログラムと呼び，新たな汚染予防活動を「代替的」汚染予防アプローチとし，「伝統的」なそれに比べて，「代替的」ではより多くの情報を集めた後に汚染予防プログラムを実行する「5段階モデル」を提示している。そして「5段階モデル」を実行する際に，有用なツールとして「システムズ・アプローチ」が提示される。有用なツールの提示は，USEPA[1988][1992]ではされておらず，一連のUSEPAによる汚染予防ガイドにおいて，USEPA[2001]は異色であり，汚染予防の実施方法をより具体的に示している。USEPA[2001]pp.11-16を参照。

6　USEPA[1988]p.11.
7　USEPA[1988]p.11. ここでの「マテリアル」には何が含められるのかということであるが，USEPA[1988]ではマテリアルバランスに関する情報は，次の情報源からなるとされる。以下の図表を参照。

・供給された原料、製品、廃棄物の流れに関するサンプル・分析結果・測定結果
・原材料購入の記録
・材料在庫高
・排出目録
・設備の洗浄方法と使用方法
・バッチの作成記録
・製品設計書
・マテリアルバランスの試算
・生産記録
・作業日誌
・標準的な生産方法と生産マニュアル
・廃棄物の目録

出所：USEPA［1988］p.12.

8　また，「プロジェクトを評価することによって，さらにコストの種類が増え，定量化することがさらに容易となる。コストには，廃棄物処理料，輸送コスト，廃棄物の前処理コスト，原材料コスト，操業および維持コスト，である」（p.21）とも述べているが，マテリアルコストについてそれ以上の説明は見当たらない。

なお，実行可能性を分析するために，「資本コスト」「オペレーティングコスト」の範囲が示されている。両コストは，「資本回収期間＝資本投資コスト／（年間オペレーティングコスト）」の式の値として使用され，資本回収期間が3-4の間であれば，低リスクの投資として判断される。ここでの「資本コスト」とは，設備投資，原材料の購入，水道光熱費，外注費等である。「オペレーティングコスト」とは，廃棄物管理コス

ト，インプットマテリアルコストである．USEPA[1988]pp.21・22を参照．
9　大西[2003]pp.52-54を参照．
10　Pojasek[1997a][1997b][1998a][1998b][2002]およびUSEPA[2001]を参照．
11　Pojasek[1997a]p.92．
12　Strobel=Redman[2002]pp.67・68を参照．
13　「マスバランス（mass balance）」と「マテリアル・アカウンティング」とは区別すべきものであり，前者は目的を，工程へのインプット，工程からのアウトプット，工程内で貯蔵される全ての化学物質を完全に把握することであるが，後者はプロセス単位でのマテリアルの流れを把握することである．マテリアル・アカウンティングは「プロセスマップ」を用いることで，生産プロセスのマテリアルの流れだけでなく，生産プロセスの各工程へのインプット・アウトプットの全てを把握することが可能となる．Pojasek[1997b]pp.95-97を参照．
14　なお，Pojasek[1997b]では，「マテリアル・アカウンティング」によってどのようにコストが把握されるかは明示されていないが，原材料のコストおよび生産プロセスにおいて使用したエネルギー・水に関するコストは，原材料の調達に関する記録である原材料の購入記録，原材料の在庫に関する記録である貯蔵庫の記録，原材料の使用に関する記録である生産記録・製品仕様書，原材料のロスに関する記録である廃棄物輸送に関する請求書，原材料の再利用に関する記録である再利用・再生利用の記録等から作成されるとのことである．Pojasek[1997b]図表2を参照．
15　中嶌・國部[2002]p.56．
16　したがって，製品を消費者へ届ける物流時と，消費者が製品を使用した際の製品使用時，および使用済みの製品がリサイクルまたは廃棄処分されるリサイクル・処分時に関しての環境へのアウトプットは，対象外とされる．
17　PRTR（Pollutant Release and Transfer Register）とは，事業者は対象化学物質を排出・移動した際にはその量を把握し国に届け出る（義務）とともに，国は届出データや推計に基づいて排出量・移動量を集計し公表するという制度を言う．経済産業省http://www.meti.go.jp/policy/chemical_management/law/prtr/index.htmlを参照．
18　中嶌・國部[2002]p.57．
19　中嶌・國部[2002]p.58．
20　Rauberger=Wagner[1999]pp.170・171．
21　Kunert社はドイツにおける衣料品のトップメーカーの1つであり，1994年時点では従業員数4,764人であった．宮崎[2002]p.825．
22　Rauberger=Wagner[1999]pp.175・176．
23　BMU・UBA[1996]（宮崎[2000]p.ⅴ）．
24　BMU・UBA[1996]（宮崎[2000]p.101）．
25　BMU・UBA[1996]（宮崎[2000]p.22）．なおSchaltegger=Burritt[2000]（宮崎[2003]p.125）によれば環境原価計算においてマテリアルとエネルギーのフローを考慮することを提案した文献はこれまでにはなかった．
26　トップダウン・アプローチ（上から下へ），あるいはボトムアップ・アプローチ（下から上へ）のどちらを選択するか」ということはここではさほど重要ではないとされている．しかし，トップダウン・アプローチでは生産プロセスはブラックボックスのままであるが，ボトムアップ・アプローチでは生産プロセスにおいて消費された原材料とエネルギーを把握することができ，生産プロセスへのインプットと生産プロセスからのアウトプットを示すプロセスバランスを作成できると述べられている．よって「ボトムアップ・アプローチ」の方を推奨していると考えられる．BMU・UBA[1996]（宮崎

［2000］p.23）を参照。
27　BMU・UBA［1996］（宮崎［2000］pp.24・25）．
28　BMU・UBA［1996］（宮崎［2000］p.32）．
29　BMU・UBA［1996］（宮崎［2000］）を参照．
30　BMU・UBA［1996］（宮崎［2000］pp.62・63）．
31　BMU・UBA［1996］（宮崎［2000］pp.38-40）．
32　BMU・UBA［1996］（宮崎［2000］pp.40・41）．
33　BMU・UBA［1996］（宮崎［2000］p.3）．
34　Ｓｔｒｏｂｅｌ＝Ｒｅｄｍａｎ［2002］ｐｐ．68・69．ＦＥＭ・ＦＥＡ［2003］ｐｐ．20・21．なお Strobel=Redman［2002］によれば，アメリカ企業においても全コストに占めるマテリアルコストは50-80％という結果がでていた．
35　Jasch［2009］p.116．2003年のドイツ環境省・環境庁による『環境コストマネジメントガイド』では「フローコスト会計」を環境管理会計における手法として説明している．Jasch［2009］は同ガイドにおける「フローコスト会計」をMFCAとして説明している．
36　Strobel=Redman［2002］p.76．
37　システムコストとは，マテリアルコスト，外部へ配送するコスト，廃棄処分のコストではないものからなる．

第 2 章

日本版 MFCA の国際標準化

1 はじめに

　現在，我が国の動脈産業において導入されている MFCA は「日本版 MFCA」として世界へ発信され，国際標準として規格化されるに至っている[1]。

　本章では，国際的に高い評価を受ける「日本版 MFCA」とはどのようなものであるのかを，国際標準化に至るまでの経緯から明らかにし，さらに，国際標準としての MFCA がどのような展開方向にあるのかを検討したい。

　具体的には，環境への負荷の低減のために，マテリアルの物質量の把握が重視されることになるのか（つまり環境面に重点が置かれるのか），または，コスト削減による経営効率の改善のために，製品とマテリアルロスの金額情報の把握が重視されることになるのか（つまり経済面に重点が置かれるのか）を明らかにしたいと考えている。

2 経済産業省によって提案された日本版 MFCA

　国際標準化案として日本により提案された「日本版 MFCA」とは，経済産業省[2009]によって提示されたものである[2]。経済産業省[2009]では，生産プロセスの各工程において使用する資源（マテリアル），および各工程において発生する不良品・廃棄物・排出物を，物量ベースで把握し，さらに金額換算を行うことによって，完成品のみならず不良品・廃棄物・排出物などの，マテリアルロスの金額を明らかにすることを目指している。

図表2.2.1 経済産業省［2009］によるマテリアルフロー図

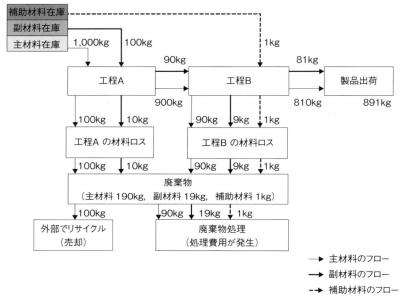

出所：経済産業省［2009］p.5 図表-2。

　経済産業省［2009］では，不良品・廃棄物・排出物からなるマテリアルロスの金額には，原材料費の他に，労務費や減価償却費などの加工費が配賦され，マテリアルロスについても，完成品と同じように，その金額が計算される。つまり，生産プロセスにおいて発生するマテリアルロスの把握を重視していると考えられる。

　具体的には，マテリアルロスがマテリアルフロー図によって把握される[3]。では，経済産業省［2009］において示されるマテリアルフロー図を見てみよう。

　まず，図表2.2.1に示す主材料のフローである。主材料1,000kgは，工程Aでは100kg，工程Bでは90kgがロスになる。そして，工程Aにおいてロスになった主材料100kgは，外部でリサイクルされる（図の下部，外部でリサイクルを参照）ため，最終的には，工程Bにおいてロスになった90kgが，廃棄物として処理される（図表2.2.1の下部，廃棄物処理を参照）。

次に、副材料のフローである。副材料100kgは、工程 A では10kg、工程 B では 9 kgがロスになり、合計19kgが廃棄物として処理される。そして、補助材料のフローである。補助材料 1 kgは、工程 B を通じて、全量が廃棄物として処理される。

よって、投入した主材料、副材料、補助材料の合計1,101kgのうち、製品になった材料は891kgであり、ロスの210kg（100kg + 90kg + 19kg + 1 kg）のうち外部においてリサイクルされる100kgを除いた110kgが、最終的なマテリアルロスとなる。

そして、マテリアルロスのコスト金額は、廃棄物になった主材料、副材料、および補助材料の物量に、当該材料の購入単価を乗じて把握される。さらに、マテリアルロスには、材料のみならず各工程における人件費、減価償却費、およびエネルギー費等の加工費が配賦されるため、マテリアルをロスすることは加工費をもロスすることになる。

つまり、経済産業省[2009]におけるMFCAでは、マテリアルだけでなく、加工費についても、物量および金額でロスとして把握をしようとしていると考えられる。それによって、マテリアルロスには、経済的損失が掛かっており、廃棄物の発生そのものを抑えることが重要であることを、経営者等に気付かせることができるからである。

このように、日本のMFCAでは、廃棄物原価（つまり、マテリアルロス）の大きさを測定することが重視されるように思われる。

と言うのは、國部[2009]によれば、日本のMFCAにおける目的は、廃棄物原価の大きさを測定することであり、廃棄物原価の大きさによって、経営者や現場管理者が意思決定を行い、生産現場の改善に役立てることを意図しているからである[4]。また、國部[2009]では、日本のMFCAの課題が指摘されており、MFCAが、製造プロセスの改善の手段としてのみ理解されていることが問題であるとし「マテリアルフローコスト会計は、環境保全手段であると同時に、経済効率追求の手段でもあるところに特徴を持つが、企業現場では経済効率追求目的が環境保全目的を大きく上回る傾向が強いため、どうしても環境目的は後景にさがってしまう」（國部[2009]p. 7）と言うことである。

つまり，MFCA の本来の目的とは，環境への負荷の低減を目指すと言う「環境面」と，経営効率の改善を意図した「経済面」の両立であり，国際標準化にあたっては，両面が強調されるべきである。

それでは，MFCA の標準化は，どのような意図によって，進められているのであろうか。環境への負荷の低減のために，生産プロセスにおける物質量を把握して，物量情報から生産プロセスへの対処を行うと言う環境面を重視するものであるのか，または，コスト削減による経営効率の改善のために，製品とマテリアルロスの金額情報を把握して金額情報から生産プロセスへの対処を行うと言う経済面を重視するものであるのか，以下で検討をしていきたい。

3 ISO への提案から DIS に至るまでの経緯

3.1 経済産業省による ISO への提案

我が国では，環境管理会計について国際標準化機構（以下，ISO と言う）へ提案を行うために，2007年 6 月に，経済産業省において環境管理会計国際標準化対応委員会が設置されている。以下では，この委員会の設置の背景について見てみたい。

1999年に，通商産業省（当時）は，「環境ビジネス発展促進等調査研究（環境会計）」において，海外での環境会計の状況調査を行った。そして，その調査研究の成果を踏まえて，2000・2001年度には，我が国における環境管理会計の普及を目的とした環境管理会計手法の開発と実証研究が行われ，その成果として，翌2002年に「環境管理会計ワークブック」が発表される。

そして，環境管理会計における 6 つの手法[5]のうち，MFCA が企業における実証実験において成果を上げたことから，2004年度からは，本格的に MFCA の普及・事業が開始されることとなる。

一方，MFCA の普及・事業が開始された後の2006年11月には，経済産業省は「国際標準化戦略目標」を掲げ，ISO 等における国際標準化提案件数の倍増と，欧米並みの幹事国引受数の実現を目標としている。

そうしたなかで，日本からの国際標準化の1つとして日本版のMFCAを提案することが検討され，2007年4月の「イノベーション創出のカギとエコ・イノベーションの推進（中間報告）」では，環境価値を「見える化」する手法として，MFCA等の環境経営ツールの国際標準化を図ることが示唆されるようになる。そして，同年6月「イノベーション25（閣議決定）」では，環境管理会計の規格化の検討等を開始するように言及がされる[6]。

つまり，この時から，MFCAの国際標準化が，「日本におけるMFCAの手法開発とその普及そして成果の実績をもとに，国内外への普及の一環として，また国際標準化戦略の一環として」（安城[2008]p.35）志向されるのである。

3.2 地球環境問題に資するMFCAの標準化案の作成

2007年6月に環境管理会計国際標準化対応委員会が設置されたのと同じ月の2007年6月24日から27日に，北京において，国際標準化機構の技術委員会（以下，ISO/TC207と言う）[7]の総会が開かれた。その総会において，我が国はワークショップを開催し，ISOへの提案を説明するロビー活動を行っている。そして，その際に，経済産業省では「マテリアルフローベースの環境管理会計の国際標準化について」（経済産業省[2007 b]）（以下，標準化案と言う）を作成し，環境管理会計の国際標準化の目的等について説明がされている[8]。

この標準化案は，MFCA国際標準化の起点となるものであり，ここでの標準化の提案意図は注目すべきものと考えられる。と言うのも，標準化案では，「メリット」として「持続可能な発展」，「環境と経済に与える影響」，および「廃棄物削減・資源保護」といった言葉が使われており，標準化案にあるMFCAが地球環境問題に対して有用なツールであることが強調されているからである[9]。以下において，その概要を見てみることとする。

まず，目的は，「一般的な枠組みと原則を示すことによって，環境管理会計を導入する企業にとっての指針を示すと同時に，環境管理会計を利用する際の共通の知識（理解）を提供すること」（経済産業省[2007b]p.1）である。その場合の第三者認証についてであるが，この標準化案では，第三者認

証を伴うものではないとされる。

　また，ISO14000ファミリーとの関係について，現在のISO14000ファミリーでは環境と経済を連携させる手法は取り入れられていないため，当該標準化案は，ISOファミリーにおいて，環境と経済を関連させるべく環境マネジメントの考え方を導入することを提案するものとなっている。

　そして，マテリアルフローベースの環境管理会計国際標準化のメリットは，「エコ・イノベーションによる持続可能な発展への貢献」（経済産業省［2007b］p.6）であり，具体的には以下の5つのメリットが挙げられる。

①事業プロセスが環境と経済に与える影響が明確になる。
②環境管理会計情報を利用して廃棄物削減・資源保護を促進する。
③環境管理会計情報を利用してエネルギー削減を通じて温暖化防止に貢献する。
④中小企業に対して経済メリットの高い環境保全手段として推奨できるものとなる。
⑤実務において，環境管理会計の原則を企業が独自に解釈し導入し始めていることから，環境管理会計情報に対する解釈上の混乱が無くなるとともに，利用者の便宜が図られるものとなる。

　また，標準化案の目次は図表2.3.1に示したものであり，当該標準化案は，環境管理会計における一手法としてのMFCAが説明される内容となっていることがわかる。

　たとえば，(4)環境管理会計の一般的記述において，MFCAを含む環境管理会計について説明を行ったうえで，(5)枠組みにおいて，MFCAについて解説を行っており，当該標準化案では，環境管理会計の枠組みのなかで，MFCAが実施されるものであることが読みとれる。また，当該標準化案では，MFCAの考え方と，さらに，MFCAの実施方法についても言及がされている。

図表2.3.1　標準化案の目次

(0)序文
(0.1) ISOファミリーとの関連性
(0.2) 他の環境管理会計ガイドライン等との関連性
(1)適用範囲
(2)引用規格
(3)定義
(4)環境管理会計の一般的記述
(4.1) 環境管理会計の定義
(4.2) 環境管理会計の利用法
(4.3) 環境管理会計の留意点
(5)枠組み
(5.1) 物量情報：マテリアルフロー会計
(5.2) 金額情報：マテリアルフローコスト会計
(6)マテリアルフローコスト会計の実施
(6.1) コストセンターの設定
(6.2) 情報の測定
(6.3) 報告
(7)マテリアルフローコスト会計による資源生産性の指数
(8)マテリアルフローコスト会計と伝統的手法の関連性
附属書（参考）適用例

出所：経済産業省［2007b］pp. 4・5。

3.3　生産現場で有用なツールであるMFCAを新業務項目として提案

　2007年11月に，経済産業省では，ISO/TC207へ新業務項目提案（New Work Item Proposal：NWIP）（以下，本提案と言う）（経済産業省［2008a］）を行っているのであるが，MFCAの標準化の意図を「標準化の便益」において読みとることができる。

　本提案では，2007年6月の北京での「マテリアルフローベースの環境管理会計の国際標準化について」（経済産業省［2007b］）において使われていた「持続可能な発展」および「環境と経済に与える影響」の言葉を用いてメ

リットを述べるのではなく，MFCA が生産現場で効果があるツールであることを強調しているように思われる。では，本提案の概要を見てみることとする。

まず，本提案の名称は，「環境マネジメント－マテリアルフローコスト会計－一般原則とフレームワーク」（経済産業省［2008a］p.7）であり，提案内容の適用範囲は産業や製品の種類，生産物，規模，活動，および場所に関わらず先進国だけでなく発展途上国においても，また，あらゆる組織に対しても適用可能としている[10]。

そして，標準化の目的と意義とは，一般原則とフレームワークを示すことによって，MFCA の共通の理解を提供することとされる。

具体的には，本提案の目的は以下である[11]。
・MFCA の一般原則とフレームワークを示す。
・MFCA に共通の専門用語と基本要素を確認する。
・MFCA の導入を行うための実践的なガイドラインを提示する。
・MFCA からの情報をもとに廃棄物削減，省資源，エネルギー消費，温室効果ガス排出の削減やその他の環境問題についての経営意思決定に関するガイドラインを提供する。

なお，本提案では，提案の目的と意義の節において「MFCA は製造業だけでなくサービス産業にも摘要可能である」（経済産業省［2008a］p.7）とされ，改めて，MFCA の適用範囲が限定的ではないことに触れているのである。

さらに，本提案では，標準化の便益を「MFCA は，プロセスにおける原材料の生産について，従来の生産管理が見落としてきた情報を「見える化」して提供するもの」（経済産業省［2008a］p.8）とし，具体的には以下のように述べている。
・廃棄物削減，省資源（エネルギーを含む）を通じて組織の環境パフォーマンスを改善させることができる。
・コスト削減を通じて組織の経済パフォーマンスを向上させることができる。
・組織の資本やその他資源のより効果的・効率的な利用（配分）に貢献す

ることができる。
- 環境や製造に関連する不要なコストの削減を通じて組織の企業活動を改善することができる。
- 中小企業に対し大きな経済的利益を与えるような環境保全の手順を推奨することができる。
- (発展途上国の企業にも同様に適用することで)環境配慮型サプライチェーンを推進することができる。

以上のような，MFCAの便益を強調しているのである[12]。

つまり，MFCAの国際標準化は，当初，日本におけるMFCAの手法開発とその実績をもとに，国内外への普及の一環としてまた国際標準化戦略の一環として目指さされるものであったが，2007年6月の標準化案においては，MFCAが地球環境問題に対して有用である点が強調されるようになった。

しかし，2007年11月の新業務項目提案では，一転して，MFCAによって環境負荷を削減することよりも経済的な側面が強調されており，MFCAが生産現場での有効なツールであることが強調されている。

3.4 規格化作業の開始によって発行されたPre-Working Draft

2008年3月には，ISO/TC207の加盟国による投票結果によって，MFCAの規格化作業の開始が採択され，技術委員会のワーキング・グループ(以下，TC207/WG8と言う)が設立される。そして，議長に國部克彦氏，国際幹事に古川芳邦氏，および国際幹事補佐に立川博巳氏が就くこととなった。その後，2008年4月に，TC207/WG8において，MFCAのプレ・ワーキングドラフト(Pre-Working Draft)が発行され，各国のエキスパートへ回付されるに至る。

國部[2008]の限られた資料からではあるが，プレ・ワーキングドラフトでは，MFCAによる生産現場・生産プロセスの改善を重視しているように思われる。と言うのは，「MFCAの一般原則」の中のMFCAの計算原理において，「生産プロセス」からアウトプットされる，正の製品と負の製品の，物量と金額を把握すると言うMFCAの仕組みを説明している点，および

「MFCAのフレームワーク」の中の6つの導入ステップでは「生産ラインの設定」を第1ステップとしている点に，そのことを見てとれる。では，國部[2008]に依拠し，その概要を見てみることとする。

プレ・ワーキングドラフトは，上述の図表2.3.1における標準化案の目次のように，環境管理会計に関する項目は見られず，MFCAを解説するような目次となっている（図表2.3.2を参照）。

國部[2008]によれば，プレ・ワーキングドラフトにおいて中心となるのは，「5．MFCAの一般原則」と「6．MFCAのフレームワーク」である。「5．MFCAの一般原則」は，MFCAの計算原理を示すことを目的とするものであり，図表2.3.3を用いてMFCAの計算原理の説明がされる。

図表2.3.2　プレ・ワーキングドラフトの表題と目次

Material flow cost accounting : General principles and framework （一般原則とフレームワーク）
1．Scope（適用範囲）
2．Reference document（参考規格）
3．Terms and definitions（用語及び定義）
4．Objectives of MFCA（MFCAの目的）
5．General principles of MFCA（MFCAの一般原則）
6．Framework of MFCA（MFCAのフレームワーク）
Annex : Example of application : Case study （附属書：適用事例：ケーススタディ）

出所：國部［2008］p. 2。

図表2.3.3　MFCAの計算原理

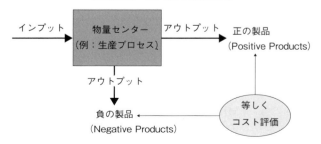

出所：國部［2008］p. 2。

図表2.3.3に示したように，MFCAでは，物量センター（生産プロセスのこと）にインプットされた物質が正の製品と負の製品としてアウトプットされ，正の製品・負の製品として，それらの物量と金額が把握される[13]。

　そして，図表2.3.3において「等しくコスト評価」として示されるように，プレ・ワーキングドラフトでは，MFCAにおいて，マテリアルの物質量を把握することよりも，製品とマテリアルロスの金額情報を把握することが重視されているように思われる。

　また，上述のプレ・ワーキングドラフトの「6．MFCAのフレームワーク」では，MFCAを導入するためのフレームワークが6つのステップとして示されている（図表2.3.4を参照）。國部［2008］によれば，「6．MFCAのフレームワーク」において「ステップのフレームワーク」としているのは，個別の実施手順を規定するのではなくMFCA導入の骨格を示すことを目的としているからとされ，6つのステップでは実施の手順にまでは踏み込まず，各ステップで実施すべき内容についてのみが記述されている[14]。

　このステップにおいて注目すべき点は，第1ステップの「対象とする生産ラインの設定」である。MFCAとは，製品の生産のみならず様々な業種にも適用可能なものであり，先に述べた新業務項目提案においては，製造業のみならずサービス産業にも適用可能であると述べていた。

図表2.3.4　6つの導入ステップ

1．Setting of a Targeted production line 　（対象とする生産ラインの設定）
2．Setting of a quantity center 　（物量センターの設定）
3．Identification of inputs and outputs in a quantity center 　（物量センターにおけるインプットとアウトプットの識別）
4．Measurement of the material flow in terms of physical and monetary units 　（マテリアルフローの物量単位・貨幣単位での測定）
5．MFCA data analysis 　（MFCAデータ分析）
6．Analysis and opportunities for improvement 　（改善のための分析と機会）

出所：國部［2008］p.2。

しかし,「対象とする生産ラインの設定」を第1のステップとしており,このことはプレ・ワーキングドラフトにおけるMFCAが,生産現場の改善を意図したものであることを示唆するものである。

 なお,2008年6月には,TC207/WG8の第1回の国際会議がコロンビアで開かれ,プレ・ワーキングドラフトと事前に送られてきたコメントを中心に議論がされて,プレ・ワーキングドラフトの骨格については,おおむね理解がされることとなった[15]。

4 DISにおける国際標準化の方向

 国際標準化の経緯を図表2.4.1に示したように,プレ・ワーキングドラフトの後には,TC207/WG8より,2008年10月にはワーキング・ドラフト(Working Draft)が,2009年3月には委員会原案(Committee Draft:CD)が発行・回付された。次いで,2009年9月に委員会原案の第2版が,2010年5月に国際規格案(Draft International Standard:以下,DISと言う)が発行・回付された。そして,DISは,各国のエキスパートによる投票によって賛成を得て,2011年1月のドイツ・ベルリンにおける第5回国際会議において承認された。その結果,最終国際規格案(Final Draft International Standard:以下,FDISと言う)へと昇格をし,FDISの承認投票期間を経て,2011年9月に,MFCAは国際規格(ISO14051)として発行されることとなった[16]。

 以下では,プレ・ワーキングドラフトと委員会原案を経て発行されたDISから,MFCAの国際標準化の方向を検討してみたい。

4.1 DISの目次と適用範囲

 まず,DISの目次である(図表2.4.2参照)。

 先のプレ・ワーキングドラフトにおいて,「5.MFCAの一般原則」,および「6.MFCAのフレームワーク」に該当する部分が,DISでは,「4.MFCAの基本要素」,「5.MFCAの導入ステップ」となっている(前掲の図表2.3.2参照)。

プレ・ワーキングドラフトとDISとの違いを簡単に言うと、プレ・ワーキングドラフトの「5．MFCAの一般原則」では、「生産プロセス」からアウトプットされる、正の製品と負の製品の、物量と金額を把握すると言うMFCAの計算原理を説明するのみであった（前掲の図表2.3.3参照）。しかし、DISの「4．MFCAの基本要素」では、MFCAの計算構造の核となる「物量センター」、「マテリアルバランス」、および「コスト計算」について説

図表2.4.1　国際標準化の経緯

2006年11月	「国際標準化戦略目標」
2007年4月	「イノベーション創出のカギとエコ・イノベーションの推進（中間報告）」
2007年6月	「イノベーション25（閣議決定）」
〃	「環境管理会計国際標準化対応委員会」設置
〃	ISO/TC207総会　ワークショップ（開催地：北京）　経済産業省が標準化案
2007年11月	経済産業省がISO/TC207へ新業務項目提案（New Work Item Proposal：NWIP）
2008年3月	MFCAの規格化作業の開始　TC207/WG 8　設立
2008年4月	TC207/WG 8がプレ・ワーキングドラフト（Pre-Working Draft）発行・回付
2008年6月	第1回国際会議（開催地：コロンビア・ボゴタ）
2008年10月	TC207/WG 8がワーキングドラフト（Working Draft）　発行・回付
2008年11月	第2回国際会議（開催地：日本・東京）
2009年3月	TC207/WG 8が委員会原案（Committee Draft：CD）　発行・回付
2009年6月	第3回国際会議（開催地：エジプト・カイロ）
2009年9月	TC207/WG 8がCD第2版　発行・回付
2010年1月	第4回国際会議（開催地：チェコ・プラハ）
2010年5月	TC207/WG 8が国際規格案（Draft International Standard：DIS）発行・回付
2010年7月	ISO/TC207総会　ワークショップ（開催地：メキシコ）
2010年10月	DIS　承認投票期間終了
2011年1月	第5回国際会議（開催地：ドイツ・ベルリン）
2011年6月	最終国際規格案（Final Draft International Standard：FDIS）　発行・回付
〃	ISO/TC207総会　ワークショップ（開催地：ノルウェー・オスロ）
2011年8月	FDIS 承認投票期間終了
2011年9月	国際規格 ISO14051　発行

出所：古川・立川［2010a］［2010b］［2011］，http://isotc.iso.org/ より作成。

明を行い，MFCAでの計算の仕組みを示している。なお，DISの「4．MFCAの基本要素」については後述をする。

また，プレ・ワーキングドラフトの，「6．MFCAのフレームワーク」では，6つの導入ステップとして，MFCAを導入する手順を説明していた（前掲の図表2.3.4参照）。他方DISでは，章のタイトルをMFCAの導入ステップと変えて，MFCAの具体的な実施手順を説明している。

次に，DISの適用範囲について記載されている，目次の「1．適用範囲」についてである。

DISでは，「MFCAのもとで，組織内におけるマテリアルのフローとストックは，物量単位（たとえば，質量，容積）で追跡され，定量化され，また，マテリアルフローに関するコストも評価される。その結果，得られた情報は，組織および管理者に対して，財務的利益を生むと同時に，環境上の悪影響を低減するための機会を探る動機づけとしての役割を果たすことができる」（ISO[2010]p.1）とされ，MFCAによって，マテリアルの物量情報と金額情報の両面が把握されることとなる。

では，DISで規定する具体的な内容についてである。

図表2.4.2　DISの表題と目次

Environmental management –Material Flow Cost Accounting- General framework（環境マネジメント―マテリアルフローコスト会計――一般的フレームワーク）
1．Scope（適用範囲）
2．Terms and definitions（用語及び定義）
3．Objectives and principles of MFCA（MFCAの目的及び原則）
4．Fundemental elements of MFCA（MFCAの基本要素）
5．Implementation steps for MFCA（MFCAの導入ステップ）
Annex A（informative）Difference between MFCA and conventional cost evaluation（附属書A参考：MFCAと伝統的原価計算との違い）
Annex B（informative）Cost calculation and allocation in MFCA（附属書B参考：MFCAにおけるコスト計算及び配賦）
Annex C Case examples of MFCA（附属書C：MFCAの実施事例）

出所：ISO[2010] p.ⅲ．

DISでは，MFCAの一般的枠組について規定をしている。一般的枠組とは，共通用語，目的及び原則，基本要素，および実施手順について規定するものであり，詳細な計算手続，またはマテリアルの効率もしくはエネルギーの効率の改善を目的とした手法に関する情報は規定の範囲外とする。なお，第三者による認証を目的とはしていない[17]。

　また「MFCAは，組織の，製品，規模，構造，場所，および既存のマネジメントシステム・会計システムに関わらず，マテリアルとエネルギーを使用するあらゆる組織に対して適用可能」（ISO[2010]p.1）とされ，MFCAの適用は製造業に限定しない[18]。

　目次と適用範囲で注目したい点は，附属書A「MFCAと伝統的原価計算との違い」，および附属書B「MFCAにおけるコスト計算及び配賦」が追加されたことである。

　附属書Aは，MFCAを初めて知る者が抱く疑問である，これまでの原価計算とMFCAとは同じではないかと言う疑問を解消するのに役立つものである。

　また，附属書Bでは，マテリアルコストの計算，そして，エネルギーコスト・システムコスト・廃棄物管理コストの計算および配賦，さらに，把握された金額情報の表示方法である「マテリアルフローコストマトリックス」を説明しており，MFCAの利用者が，具体的なMFCAの計算方法と分析方法を理解するのに役立つものとなっている。

4.2 MFCAの目的・原則

　次に，「3．MFCAの目的及び原則」についてである。

　DISでは，MFCAの主たる目的は，以下の3つの方法によって，「マテリアル及びエネルギーの使用を改善することを通じて，環境的・財務的パフォーマンスの両方を高めるように，組織の努力を刺激し支えること」（ISO[2010]p.4）とされる。

　3つの方法とは，
・マテリアルフローおよびエネルギーの使用，それらに関連するコスト，および環境面の透明性の向上

・プロセス工学，生産計画，品質管理，製品設計，サプライチェーンマネジメントにおける組織の意思決定の支援
・マテリアルとエネルギーの使用に関する組織内での調整とコミュニケーションの改善

である[19]。

そして，MFCAにおける原則が4つある[20]。

1. マテリアルフローおよびエネルギーの使用に関する理解である。これは，すべての物量センターにおけるマテリアルの移動およびエネルギーの使用を描写する「マテリアルフローモデル」を構築するために，マテリアルのフローを追跡すべきである。

2. 物量データと金額データとの関連付けである。これは，組織における環境的・財務的な意思決定は，マテリアルとエネルギーの使用に関する物量データと，関連するコストデータにもとづくべきであり，物量データとコストデータはマテリアルフローモデルによって明確に統合すべきである。

3. 物量データの正確性，完全性，および比較可能性の確認である。これは，マテリアルフローにおける物量データは，一貫した測定単位，または十分な換算係数のいずれかで集計されるべきであり，それにより，物量データは，後に，分析および比較のために，共通の測定単位（質量が好ましい）に変換される。物量データは，著しいデータの差異がある場合に，インプットとアウトプットのフローを量るために使用されるべきである。

4. マテリアルロスのコストの見積もりおよび割当（assign）である。これは，マテリアルロスに起因する，および／または，マテリアルロスに関連する総コストは，可能な限り正確かつ実務的に見積もられるべきであり，それらのコストは，製品ではなくマテリアルロスに配分すべきである。

以上，4つである。

この4つはMFCAの基本的な計算構造を示すものである。MFCAで

は，物量センターにおいてマテリアルとエネルギーの物量情報と金額情報が把握され，そして各物量センターにおけるインプット量とアウトプット量が等しくなるように計算することによって，最終的に，マテリアルロスの，正確な金額情報の把握を目指すのであるが，DIS では，これらの基本的な計算構造が MFCA における「原則」として提示されている。

　ここで注目したい点は MFCA の主たる目的である。DIS では「環境的・財務的パフォーマンスの両方を高めるように」とされる，つまり，MFCA が環境面と経済面の両面に役立つことが志向されているのである。この考え方は，MFCA における 4 つの原則にも見られ，原則の 2 では「組織における環境的・財務的な意思決定は，マテリアルとエネルギーの使用に関する物量データと，関連するコストデータにもとづくべき」とされ，MFCA が組織における環境的・財務的意思決定に資することが示されている。

4.3 MFCA の基本要素

　DIS の「4．MFCA の基本要素」では，MFCA の計算構造の核となる「物量センター」，「マテリアルバランス」，および「コスト計算」について説明を行っており，MFCA での計算の仕組みが理解できるようになっている[21]。

　まず「物量センター」とは何かである。DIS では，物量センターとは，物量単位および貨幣単位で，インプット・アウトプットを定量化するために，プロセスの選択された部分または複数の部分からなるものを言う。一般的には，物量センターには，貯蔵倉庫，生産ユニット，輸送地点といった，マテリアルが貯蔵される，および／または，加工される区域がなり，物量センターは，MFCA におけるデータ収集活動の基礎として役立つものである。各物量センターにおいて，マテリアルフローとエネルギー使用が，定量化され，慣習的に，マテリアルコスト，エネルギーコスト，システムコスト，および廃棄物管理コストが算定されることとなる[22]。

　次に，各物量センターにおける「マテリアルバランス」についてである。MFCA では，物量センターに入ったマテリアルは，製品またはマテリアルロスとして，物量センターからアウトプットされる。また，マテリアルは，一定期間，物量センター内にとどまることもあり，その場合には，物量セン

ターにおけるアウトプットは，物量センターへのインプットと，物量センターにおける期首と期末の在庫量から把握される。

　DISでは，質量とエネルギーは，創りだされることも損なわれることもなく，ただ変換されるのみであるため，システムに入る物質のインプットは，システム内部での在庫の変動を考慮し，システムから出る物質のアウトプットと等しくなければならない，との考えに立っている。それゆえ，MFCA分析の対象となるすべてのマテリアルを確実に計上し，著しく「見過ごされている」マテリアルまたはその他のデータの差異を把握するために，マテリアルのインプットとアウトプット（すなわち，製品とマテリアルロス）の量と，在庫の変動とを比較することによって，マテリアルバランスを見るべきとされる。

　「マテリアルフローの定量化」と，マテリアルのインプットと，アウトプットである製品およびマテリアルロスとの間の，「バランスの確保」が，MFCAの重要な要求事項とされるのであるが，そこでカギとなる考え方が，物量センターにおける「マテリアルバランス」である。

　マテリアルバランスについての簡単な例を見てみよう。図表2.4.3に示したように，この例では，50kgのマテリアルが物量センターに入り，MFCAの分析期間において，マテリアルの在庫量は，期首在庫の150kgから，期末在庫は100kgへと変動する。したがって「物量センターからアウトプットしたマテリアルの重量＝インプット＋期首在庫－期末在庫＝50kg＋150kg－100kg＝100kg」となる。なお，アウトプットの100kgは，製品が70kg，マテリアルロスが30kgと想定する[23]。

　さらに，DISでは以下の点が補足されている。

　実際には，インプットとアウトプットとの間の不均衡は，定量化が容易ではない空気または水分の吸入，化学反応，または測定誤差によって生じる恐れがある。しかし，いかなる不均衡でも明らかにすべきである。また，物量データは，数多くの測定単位で入手される。上述の例のように，重量（kg）で，すべてが把握されるわけではない。よって，マテリアルバランスを見るためには，比較目的のために，入手可能な物量データを1つの基準単位（たとえば，質量）へ換算する，換算係数が必要な場合がある[24]。

第 2 章　日本版 MFCA の国際標準化

　マテリアルバランスの考え方によって，物量センターからのアウトプット（製品とマテリアルロスの重量）が把握されたら，次が金額情報の把握，つまり各物量センターにおける「コスト計算」の方法についてである。

　DIS では，組織の意思決定は，通例，財務的考慮を伴うため，マテリアルフローデータは組織の意思決定を支援するために貨幣価値（monetary terms）に変換されるべきとされる。そのために，MFCA では，物量センターに入り，物量センターから出ると言うマテリアルフローに関連する，および／または，すべてのコストが計算され，計算されたコストは，マテリアルフローへ，割当または配賦（assigned or allocated）される。

　具体的には，主に，3 つのコスト（マテリアルコスト・システムコスト・廃棄物管理コスト）が計算される。なお，組織の判断で，エネルギーコストを，マテリアルコストへ含めることも，エネルギーコストとして別途計算することも可能である[25]。

　3 つのコストの計算方法について，DIS では，図表2.4.4に示した例が示されている。

　図表2.4.4の左側に示した，マテリアルコスト $500，エネルギーコスト $50，システムコスト $800，および廃棄物管理コスト $80が，物量センターで発生したコストである。なお，インプットとアウトプットの重量は，先の図表2.4.3と同じである。

　このうちマテリアルコスト・エネルギーコスト・システムコストは，製品とマテリアルロスとなるマテリアルのインプットの割合で，物量センターの

図表2.4.3　物量センターにおけるマテリアルバランスの考え方

出所：ISO［2010］p. 5．

アウトプットである製品とマテリアルロスへ，割当または配賦される。つまり，使用された100kgのマテリアルのうち，図表2.4.4の右側に示したように，70kgは製品となり，30kgはマテリアルロスとなる。したがって，70％と30％のマテリアルの配分率が，マテリアルコスト・エネルギーコスト・システムコストを，製品とマテリアルロスとに，配分または配賦する際に使われる。

なお，図表2.4.4においては，質量にもとづくマテリアルの配分率がコストの配賦に使われるが，最も適切な配賦基準の決定は，組織の判断によるとされる。また，$80の廃棄物管理コストは100％がマテリアルロスに配賦される。

最終的に，この例でのマテリアルロスの総コストは$635である[26]。

上述のように，2008年4月のPre-Working Draftにおいては，MFCAによる生産現場の改善が重視されていたが，2010年のDISにおいては，MFCAの目的を費用と環境面に関連するマテリアルとエネルギーの使用状況の透明性を高めることとして，経済面と環境面の両方を重視するものへと変化したように見える。

図表2.4.4　物量センターにおけるコスト計算の例

インプット		物量センター		アウトプット	
マテリアル (50 kg)		期首在庫	期末在庫	製品 (70 kg)	
マテリアルコスト	$500	$1,500 (150 kg)	$1,000 (100 kg)	マテリアルコスト	$700
エネルギーコスト	$50			エネルギーコスト	$35
システムコスト	$800			システムコスト	$560
廃棄物管理コスト	$80			コスト合計	$1,295

マテリアルロス (30 kg)

マテリアルコスト	$300
エネルギーコスト	$15
システムコスト	$240
廃棄物管理コスト	$80
コスト合計	$635

出所：ISO［2010］p.6.

しかし，DISの「4．MFCAの基本要素」における計算構造を検討してみると，DISにおけるMFCAは，製品とマテリアルロスの金額情報を提示することによって，生産現場の改善を促すことを意図しているものであることが明らかである。

「組織の意思決定は，通例，財務的考慮を伴うため，マテリアルフローデータは組織の意思決定を支援するために貨幣価値に変換されるべき」（ISO[2010]p.6）とあるように，物量情報のみでは，意思決定には十分ではないと考えられている。

つまり，DISにおけるMFCAとは，金額情報が主たるデータであり，金額情報を導くために，物量情報が把握されるのである。

換言すれば，DISでは，MFCAの目的上は経済面と環境面の両立としているのであるが，計算構造を見ると金額情報の把握による生産プロセスの改善と言う経済面を重視するものとなっていると考えられる。

5 ISO14051における国際標準化の方向

上述したようにDISは，各国のエキスパートによる投票によって賛成を得て，2011年1月のドイツ・ベルリンにおける第5回国際会議において承認され，FDISへと昇格をした。そして，承認投票期間を経た結果，2011年9月に，MFCAの国際規格（ISO14051）が発行された[27]。

ここでは，日本版MFCAが，最終的に国際規格として，どのようなものになったのかを見ていこう。

5.1 ISO14051の目次と適用範囲

まず，ISO14051の目次である（図表2.5.1参照）。

ISO14051では，「2．引用規格」と言う，本規格で引用をしている規格に関する章が追加されている。しかし，その他の目次については，DISと同様となっている。

追加された「2．引用規格」とは，ISO14051の引用規格がISO14050であることを説明する章である。引用規格のISO14050とは，環境マネジメント

システムにおいて使用される用語を規定する規格であり，これを引用規格とすることで，ISO14050はISO14051の規格の一部を構成することとなる。

次に，ISO14051の適用範囲について記載されている目次の「1．適用範囲」を見てみよう。DISと異なる点は，MFCAの適用対象に「サービス」が加えられた点である。

「MFCAは組織の，製品，<u>サービス</u>（下線は筆者），規模，構造，場所，および既存のマネジメントシステム・会計システムに関わらず，マテリアルおよびエネルギーを使用するあらゆる組織に対して適用可能である。」（ISO［2011］p.1）

MFCAは製造業だけでなくあらゆる業種にも適用可能であるとの考えから，「サービス」の文言が追加されたと考えらえる。

また，DISと同様に，MFCAはサプライチェーン内の上流及び下流に位置する他の組織にも拡張して適用が可能とされるが，ISO14051では，改善の対象に「エネルギーの効率」が追加された。

DISではMFCAが「サプライチェーンにおける<u>マテリアルの効率</u>（下線

図表2.5.1　ISO14051の表題と目次

Environmental management -Material Flow Cost Accounting- General framework（環境マネジメント―マテリアルフローコスト会計――一般的フレームワーク）
1．Scope（適用範囲）
2．Normative references（引用規格）
3．Terms and definitions（用語及び定義）
4．Objectives and principles of MFCA（MFCAの目的及び原則）
5．Fundemental elements of MFCA（MFCAの基本要素）
6．Implementation steps for MFCA（MFCAの導入ステップ）
Annex A (informative) Difference between MFCA and conventional cost evaluation（附属書A 参考：MFCAと伝統的原価計算との違い）
Annex B (informative) Cost calculation and allocation in MFCA（附属書B 参考：MFCAにおけるコスト計算及び配賦）
Annex C (informative) Case examples of MFCA（附属書C 参考：MFCAの実施事例）

出所：ISO［2011］p.ⅲ.

は筆者）の改善のための，統合されたアプローチの発展に役立つ」（ISO［2010］p. 1）であったのが，ISO14051では「サプライチェーンにおけるマテリアルおよびエネルギーの効率（下線は筆者）の改善のための，統合されたアプローチの発展に役立つ」（ISO［2011］p. 1）とされる。

追加された理由としては，エネルギーをマテリアルの一部として扱うかは，組織の判断とされるため，DISではエネルギーの効率が表記されていなかったと考えられる。しかし，ISO14051では，MFCAの適用範囲が「エネルギーおよびエネルギーを使用するあらゆる組織に対して適用可能である」とするのに合わせて，エネルギーも表記したと考えられる。

5.2 MFCAの目的・原則

次に，「4．MFCAの目的及び原則」についてである。

DISと同様に，MFCAの主たる目的は，3つの方法によって，「マテリアル及びエネルギーの使用を改善することを通じて，環境的・財務的パフォーマンスの両方を高めるように，組織の努力を刺激し支えること」（ISO［2012］p. 4）とされる。なお，3つの方法は，先述のDISを参照されたい。

そして，DISと同様に4つの原則がある。

1．マテリアルフローおよびエネルギーの使用に関する理解
2．物量データと金額データとの関連付け
3．物量データの正確性，完全性，および比較可能性の確認
4．マテリアルロスのコストの見積もりおよび配分（attributing）

ここで注目したい点は，DISと同様にISO14051においても，「環境的・財務的パフォーマンスの両方を高めるように」とあるように，MFCAが環境面と経済面の両面に役立つことが志向されている点である。

5.3 MFCAの基本要素

ISO14051の「5．MFCAの基本要素」では，DISと同様に，MFCAの計算構造の核となる「物量センター」，「マテリアルバランス」，および「コスト計算」について説明を行っており，MFCAでの計算の仕組みが理解できるようになっている[28]。

「物量センター」,「マテリアルバランス」,および「コスト計算」の説明は,一部,数字が変更されている部分があるものの,DIS と ISO14051における意味内容は同様となっている。

DIS と同様に,ISO14051における MFCA は,その計算構造は,製品とマテリアルロスの金額情報を提示することによって,生産現場の改善を促すことを意図している。コスト計算の説明において,組織の意思決定は,財務的考慮を伴うため,マテリアルフローデータは組織の意思決定を支援するために通貨単位(monetary units)に変換されるべきとあり,物量情報のみでは,組織の意思決定には十分ではないと考えられている[29]。

上述のように,2008年4月の Pre-Working Draft においては,MFCA による生産現場の改善が重視されていたが,2010年の DIS および,2012年の ISO14051においては,MFCA の目的を費用と環境面に関連するマテリアルとエネルギーの使用状況の透明性を高めることとして,経済面と環境面の両方を重視するものへと変化したと考えられる。

しかし,DIS と同様に ISO14051においても,MFCA とは,金額情報が主たるデータであり,金額情報を導くために,物量情報が把握されるのである。

つまり,DIS および ISO14051では,MFCA の目的上は経済面と環境面の両立としているのであるが,計算構造を見ると金額情報の把握による生産プロセスの改善と言う経済面を重視するものと考えられる。

6 小括

本章は,国際標準化に至るまでの経緯をたどりながら,国際標準としての MFCA がどのような発展方向にあるのか明らかにしようとするものであった。具体的には,国際標準としての MFCA において,マテリアルフローにおける物質量の把握が重視されるのか(つまり環境面に重点が置かれるのか),または日本版 MFCA のように製品とマテリアルロスの金額情報の把握が重視されるのか(つまり経済面に重点が置かれるのか)を明らかにすることであった。

MFCA の国際標準化は，当初，日本における MFCA の手法開発とその実績をもとに，国内外への普及の一環としてまた国際標準化戦略の一環として目指されるものであったが，2007年6月の標準化案においては，MFCA が地球環境問題に対して有用である点が強調されるようになった。しかし，2007年11月の新業務項目提案では，一転して環境面の改善よりも MFCA が生産現場での有効なツールであることが強調されるようになり，2008年4月の Pre-Working Draft においても，MFCA による生産現場の改善が重視されるものとなったと考えられる。

そして，2010年の DIS および，2012年の ISO14051においては，MFCA の目的を費用と環境面に関連するマテリアルとエネルギーの使用状況の透明性を高めることとして，経済面と環境面の両方を重視するものとなったように思われる。

しかし，計算構造を見てみると，DIS および ISO14051における MFCA は，日本版 MFCA のように製品とマテリアルロスの金額情報を提示することによって，生産現場の改善を促すことを意図しているものであることが明らかとなったであろう。

すなわち，DIS 前までの経緯では，MFCA の標準化を進める意図は，経済面と環境面の両立，および日本版 MFCA のような生産現場の改善の両方であった。しかし，DIS および ISO14051では，MFCA の目的上は経済面と環境面の両立としているのであるが，計算構造を見ると生産現場の改善を意図するものとなっており，MFCA は，「日本版 MFCA」のように製品とマテリアルロスの金額情報の把握を目的としており，経済面の重視へと傾斜していると考えられる。

「日本版 MFCA」では，先述したように，廃棄物原価（つまり，マテリアルロス）の大きさを測定し，廃棄物原価の大きさによって，経営者や現場管理者が意思決定を行い，生産現場の改善に役立てることを意図している。その結果，「企業現場では経済効率追求目的が環境保全目的を大きく上回る傾向が強いため，どうしても環境目的は後景にさがってしまう」（國部[2009] p.7）ことになる。

MFCA の目的とは，環境への負荷の低減を目指す環境面と，経営効率の

改善を意図した経済面の両立である。しかし，適用方法によっては，どちらかに傾斜しかねない。その例が，日本版MFCAおよびISO14051である。そこで，環境面と経済面の両立の可能性として，次章以降では，動脈産業と静脈産業からなる両産業においてMFCAを適用することを検討したい。

(注)
1 國部[2009]p.8。
2 経済産業省[2009]p.2。なお，古川・立川[2011]によれば我が国におけるMFCAの導入・発展経緯は以下になる。「2000年に経済産業省（旧通商産業省）が導入可能性を検討し，2000年から2001年にかけて，経済産業省の主導の下で，日東電工株式会社が国内初のモデル企業となった。その後も田辺製薬やキヤノンなどがMFCAを導入し，その効果を検証した。2004年に経済産業省が日本全国への普及事業を開始した結果，2011年現在で，中小企業を含め約300の企業が導入している。さらに2008年より，一企業のサプライチェーンに属する複数の企業を対象に，サプライチェーン全体に対するMFCA導入のための実証事業が開始された」(p.5)。
3 経済産業省[2009]pp.4・5。
4 國部[2009]p.5。
5 6つの手法とは，①環境配慮型設備投資決定手法，②環境配慮型原価企画，③環境コストマトリックス，④MFCA，⑤ライフサイクルコスティング，⑥環境配慮型業績評価を言う。
6 安城[2008]p.35。
7 環境マネジメントに関する標準化を行う技術委員会（Technical Committee）を言う。
8 ロビー活動はその他にも行われ，同年9月25日にはタイで開催された環境管理会計セミナーにおいて我が国の専門家がMFCAについて講演を行った。また同年10月2日は大阪において韓国・インドネシア・フィリピン・ベトナム・オーストラリアの有識者・実務者を対象とした「アジア環境管理会計ワークショップ」を開催した。経済産業省[2008a]を参照。
9 『マテリアルフローベースの環境管理会計の国際標準化について』（経済産業省[2007b]）の「メリット」の記述ではMFCAが地球環境問題に対して有用なツールであることが強調されているが，MFCAが企業レベルで有効なツールなのかどうかについては明言されていない。しかし，同ワークショップにおいて使用されたパワーポイントの資料では，導入事例としてキヤノン，田辺製薬，日東電工における製造プロセスの改善例が報告されており，導入事例まで読むと，MFCAのメリットは，地球環境問題よりも企業の生産管理に役立つことだと読みとることができる。
10 経済産業省[2008a]p.7。
11 経済産業省[2008a]pp.7・8。
12 経済産業省[2008a]p.8。
13 なお，國部[2008]によれば，Negative Product（負の製品）の用語は，日本の実務の中で開発されたものである。ちなみに，Jasch[2009]では，正の製品をOutput(products)，負の製品をOutput(waste)としている。
14 國部[2008]p.2。
15 その他の論点としては「MFCA国際標準とISO14000ファミリーの他の規格との整

合性」と「Pre-Working Draft に記載されている MFCA 特有の用語についての検討」
が挙げられた。國部[2008]を参照。
16　http://isotc.iso.org を参照。
17　ISO[2010]p.1．
18　DIS では，MFCA における用語と定義を示している。主な用語・定義に関しては，以下の**図表**を参照されたい。

原価計算 (cost accounting)	費用の分類・記録・配賦・報告に関する会計領域のこと
コスト配賦 (cost allocation)	個別の対象へのコストの割当てのこと 注記：本規格において，対象は，プロセス，物量センター，製品，およびマテリアルロスである。
エネルギーコスト (energy cost)	オペレーションを行うために使用されるエネルギーの費用のこと 注記：エネルギーコストをマテリアルコストに含めるか，または別途算定するかは組織において判断する。
エネルギーロス (energy loss)	意図した製品に使用されたエネルギーを除く，消費されたエネルギー全てのこと 注記：エネルギーロスをマテリアルロスに含めるか，または別途算定するかは組織において判断する。
環境管理会計 EMA (environmental management accounting)	組織内部での意思決定を目的とした，次の2種類の情報の識別・収集・分析・説明のこと： 1)エネルギー・水・マテリアル（廃棄物を含む）の使用・フロー・最終処分に関する物量情報 2)環境関連のコスト・収益額・節約額に関する金額情報 IFAC の2005年を参照
インプット (input)	物量センターに入るマテリアルフローまたはエネルギーフローのこと
在庫 (inventory)	マテリアル，中間製品，仕掛品，および最終製品のストックのこと
マテリアル (material)	物量センターに入る，および／または，出る物質のこと 注記1：マテリアルは，以下の2つのカテゴリーに分類できる。 ・たとえば，原材料，補助材料，中間製品などの，製品の一部となることが意図されているマテリアル ・たとえば，洗浄用の溶剤，化学触媒などの，顧客に届けられる製品の一部とならないマテリアル。このマテリアルはオペレーティングマテリアルと呼ばれることがある。 注記2：マテリアルは，用途によって，次の2つのカテゴリーのいずれにも分類できるものがある。水はその例の1つである。多くの場合，水は，製品の一部になる（たとえばボトル入りの水），一方で，オペレーティングマテリアルとなる場合もある（たとえば，洗浄設備のプロセスで使用される水）。
マテリアルバランス (material balance)	特定の期間における，物量センターのインプット・アウトプット・在庫の変動に関する物量の比較のこと
マテリアル配分率 (material distribution percentage)	製品対マテリアルロスとなる，マテリアルのインプットの割合のこと
マテリアルコスト (material cost)	物量センターにおいて使用，および／または，消費されるマテリアルの費用のこと 注記：マテリアコストは，標準原価，平均原価，購入原価といった様々な方法で計算することができる。
マテリアルフロー (material flow)	組織又はサプライチェーンにおける様々な物量センター間での，マテリアル又はマテリアルグループの移動のこと

マテリアルフローコスト会計 MFCA (material flow cost accounting)	物質単位及び金額単位の両方で，プロセス又は生産ラインにおけるマテリアルのフローとストックを定量化するためのツールのこと
マテリアルロス (material loss)	意図した製品を除き，物量センターにおいて発生する全てのマテリアルのアウトプットのこと 注記1：マテリアルロスには，大気排出物・廃液・固形廃棄物が含まれ，マテリアルのアウトプットが，再加工，内部でのリサイクル又は再利用が可能でも，又は市場価格が存在しても，マテリアルロスとして計算する。 注記2：副産物をマテリアルロスとするか製品とするかは，組織の判断による。
アウトプット (output)	物量センターを出る製品・マテリアルロスまたはエネルギーのこと 注記：MFCAでは，物量センターを出る中間製品又は半製品は製品として扱う。
プロセス (process)	インプットをアウトプットに変換する，相互に関連する又は相互に作用する一連の活動のこと ISO14040 2006年参照
製品 (product)	すべての製品又はサービスのこと ISO14040 2006年参照
物量センター (quantity center)	インプットとアウトプットを，物量単位および貨幣単位で定量化・計算する，プロセスの選択された一部または複数の部分のこと
システムコスト (system cost)	マテリアルコスト・エネルギーコスト・廃棄物管理コストを除く，マテリアルフローの組織内での取扱いの過程で発生した全ての費用（all expenses）のこと 注記：システムコストの例には，労務費，減価償却費，維持費，輸送費等が含まれる。
廃棄物 (waste)	所有者が廃棄を意図し，又は廃棄が必要な物質又は対象のこと ISO14040の2006年を参照
廃棄物管理コスト (waste management cost)	物量センターにおいて発生したマテリアルロスを取り扱う費用（expenses）のこと 注記1：廃棄物管理には大気排出物・廃液・固形廃棄物の管理を含む。 注記2：廃棄物管理コストには，次のコストが含まれる。 ・たとえば不良品の再加工・リサイクル，廃棄物の追跡・貯蔵・取り扱い及び処理などの，組織内の活動に関する費用 ・たとえば廃棄物の貯蔵・輸送・リサイクル・取り扱い及び処理などの，外部委託活動に対する費用

出所：ISO［2010］pp.1－4より作成。

19　ISO［2010］p.4．
20　ISO［2010］p.4．
21　ISO［2010］pp.5－8．
22　ISO［2010］p.5．
23　ISO［2010］p.5．
24　ISO［2010］p.5．
25　さらに，エネルギーコスト・システムコスト・廃棄物管理コストは，製造プロセス全体又は施設全体でしか把握できない場合もあるため，その際には，二段階配賦を行う。つまり，一次配賦によって各物量センターにコストを配賦し，二次配賦によって製品とマテリアルロスにコストを配賦する。一次配賦の配賦基準例として，機械運転時間，生産量，従業員数，時間当たり人数，仕事数，床面積などがある。二次配賦の配賦基準例として，全マテリアルの配分割合または主要マテリアルの配分割合がある。その際，エネルギーコストとシステムコストの配賦基準は同じでなくてもよく，さらに，より現実的なコストの配賦であるならば，たとえばシステムコスト内のコスト（労務費と

減価償却費）の配賦基準は異なってもよいとされる。ISO［2010］p. 7 を参照。
　また，配賦方法に関しては附属書 B 参考「エネルギー使用に関する代替的配賦基準」において，機械運転時間，機械能力を考慮した代替的方法も示されている。

26　ISO［2010］pp. 6・7．
27　http://isotc.iso.org を参照。
28　ISO［2012］pp. 5 - 8．
29　ISO［2012］p. 6．

第3章

動脈産業と静脈産業のMFCA

1 はじめに

　前章までは，MFCAの誕生の背景を述べるとともに，MFCAが国際標準へと展開するなかで，環境面と経済面の両立を志向しつつも様々に変化しつつあることを述べた。

　MFCAの本来の目的とは環境への負荷の低減を目指す環境面と経営効率の改善を意図した経済面の両立であるとすれば，前章において述べたように，日本版MFCA，ISO14051におけるMFCAの適用方法では，環境面と経済面の改善の両立において，なお不十分であると考えられる。

　そこで，環境面と経済面の両立の可能性として，MFCAを動脈産業と静脈産業からなる産業全体と言うマクロの視点で考え，MFCAを動脈産業のみならず静脈産業においても適用することで，産業全体での資源の有効利用が可能となることを明らかにしたい。個別企業におけるMFCAでは，経済面を重視するものであるが，産業全体と言うマクロの視点でMFCAを考えることで，MFCAによる環境面と経済面の両立が可能となるであろう。

　具体的には，MFCAを動脈産業へ適用した場合と静脈産業へ適用した場合に，両者のMFCAの違いとは何であるのかを明らかにし，その違いによって，産業全体での資源循環がより促進されることを明らかにしたい。

　そして，財の性質から，動脈産業での「正の製品」・「負の製品」と，静脈産業での「正の製品」・「負の製品」は同じ性質であるのかどうかを検討し，静脈産業におけるMFCAの「正の製品」「負の製品」の定義付けを行いたいと考えている。

2 動脈産業と静脈産業の違い

2.1 動脈産業と静脈産業におけるインプットと改善の違い

静脈産業へのMFCAの適用を考える場合，動脈産業のMFCAと静脈産業のMFCAには，インプットの違いと改善の違いの2つの違いがあることを見ておかねばならない。

まずはインプットの違いについて検討していきたい。産業全体を動脈産業と静脈産業に分けて資源の循環を考えた場合に，図表3.2.1に示したように，動脈産業では，「新しい原材料」と「正の製品」がインプットされて，製品である「正の製品」がアウトプットされるものである。ここでインプットされる「正の製品」とは，新しい原材料と，静脈産業において生産された「正の製品」，つまり使用済製品から再生産された原材料を言う。

図表3.2.1　動脈産業におけるMFCA

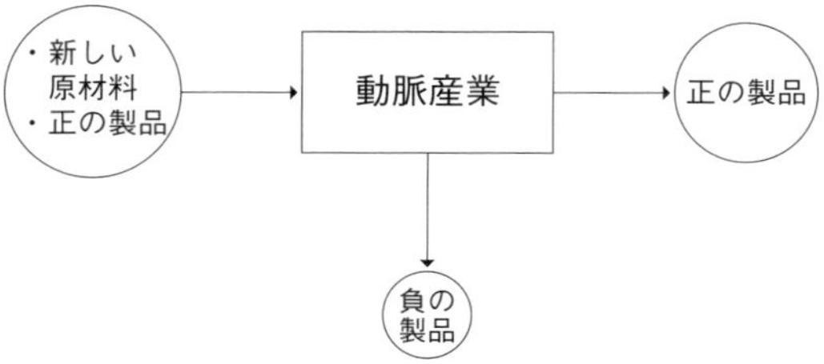

出所：筆者作成。

図表3.2.2　静脈産業におけるMFCA

出所：筆者作成。

他方,静脈産業では,図表3.2.2に示したように,「負の製品」がインプットされて「正の製品」がアウトプットされる。ここでインプットされる「負の製品」とは,産業全体から捉えた「負の製品」である。この「負の製品」とは,動脈産業の生産プロセスにおいて発生した廃棄物と,動脈産業において生産された「正の製品」が消費者の使用を経て廃棄されたものである。

 つまり,動脈産業と静脈産業ではインプットが異なっており,動脈産業では新しい原材料と「正の製品」がインプットされ,静脈産業では「負の製品」がインプットされる。

 次に,もう1つの違いとはMFCAによる改善の違いである。この点に関して,安城[2007a]では,リサイクル事業におけるMFCAによる改善の狙いや効果の違いを述べている。安城[2007a]においては,MFCAによって,通常の生産では原価低減の効果があり,リサイクル事業では機会損失の削減の効果があるとされるが,本書では動脈産業と静脈産業におけるMFCAの違いと言う観点から検討をしたい。

 図表3.2.3に示したように,動脈産業においては,MFCAが適用されることによって,生産プロセスの改善活動が促されるのであるが,そこでの改善のポイントは,生産プロセスからアウトプットされる「正の製品」の量を変化させずに維持をし,どのように生産プロセスからアウトプットされる「負の製品」と,生産プロセスにインプットされる「正の製品」を削減するかと言う点である。

 つまり,図表3.2.3にあるように生産プロセスにインプットされる「正の製品」が減少し,生産プロセスからアウトプットされる「負の製品」が削減されることになる[1]。

 他方,図表3.2.4に示したように,静脈産業においても,MFCAが適用されることによって生産プロセスの改善活動が促されるのであるが,そこでの改善のポイントは,どのように生産プロセスからアウトプットされる「負の製品」を削減して,アウトプットされる「正の製品」を増加させるかと言う点にある。

 つまり,図表3.2.4にあるように,生産プロセスにインプットされる「負の製品」の量は変わらないが,生産プロセスからアウトプットされる「正の製

図表3.2.3　動脈産業における改善

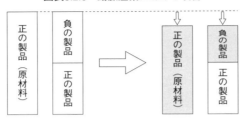

出所：安城[2007a]p.81一部修正・加筆。

図表3.2.4　静脈産業における改善

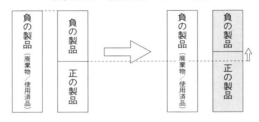

出所：安城[2007a]p.81一部修正・加筆。

品」が増加し，「負の製品」が削減されることとなる。

　したがって，MFCA の導入によって，動脈産業ではインプットされる「正の製品」が削減され，静脈産業ではアウトプットされる「正の製品」が増加し「負の製品」が減少すると考えられる。

2.2 産業全体へ MFCA を導入する意義

　上述のように MFCA の導入によって，動脈産業ではインプットされる「正の製品」が削減され，静脈産業ではアウトプットされる「正の製品」が増加し，「負の製品」が減少するのであるが，このことを産業全体で捉えると次のようになる。

　動脈産業では，MFCA によって，産業全体での資源投入量を削減することが可能であり，静脈産業では，MFCA によって，産業全体での正の製品を増加させ，「負の製品」を減少させることが可能と言うことである。つま

り，MFCAを動脈産業だけではなく静脈産業へも適用することで，さらに資源が効率的に利用されることとなる。

動脈産業と静脈産業における資源の流れを示したものが図表3.2.5である。

図表3.2.5にあるように，新しい原材料と「正の製品」が動脈産業へインプットされ，生産プロセスから「負の製品」と「正の製品」がアウトプットされる。次に，アウトプットされた「正の製品」は消費者による使用を経て「負の製品」となり，動脈産業の生産プロセスから発生した「負の製品」とともに静脈産業へインプットされる。そして，静脈産業では，「負の製品」と「正の製品」がアウトプットされ，アウトプットされた「正の製品」は再び動脈産業へインプットされる。

静脈産業においてアウトプットされた「負の製品」は，産業全体で発生した，最終的な廃棄物を意味する。したがって，この「負の製品」が削減されれば，産業全体での自然環境への廃棄物を削減させることが可能となり，MFCAを産業全体に導入することができれば，経済面のみならず環境面でも改善が可能となると考えられる。

図表3.2.5 動脈産業と静脈産業における資源循環

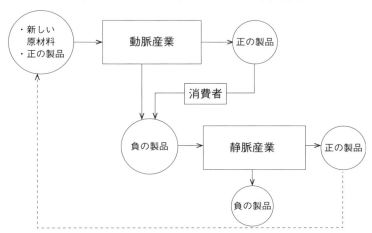

出所：筆者作成。

2.3 資源の効率的な利用を示す資源循環の数値例

MFCAを,動脈産業だけではなく静脈産業へも適用することで,さらに資源が効率的に利用されると言うことを,簡単な数値例を用いて述べてみたい。

前掲の図表3.2.5の資源循環の図を使い,MFCAの導入前の産業全体の資源循環と,MFCAを動脈産業にのみ適用する場合の産業全体の資源循環,およびMFCAを動脈産業と静脈産業の両方へ適用する場合の産業全体の資源循環について比較してみよう。

まず,図表3.2.6は,MFCAを導入する前の動脈産業と静脈産業における資源循環の図である。

動脈産業では正の製品100がインプットされ,動脈産業の生産プロセスを経て正の製品80と負の製品20がアウトプットされる。次に,消費者の使用を経た正の製品が負の製品80となり,負の製品100(20+80)として静脈産業へインプットされる。そして,静脈産業の生産プロセスを経て,正の製品80と負の製品20がアウトプットされるのである。静脈産業からアウトプットされた正の製品80は,再び,動脈産業へインプットされ,静脈産業からアウトプットされた負の製品20は産業全体で発生した廃棄物となる。

産業全体におけるリサイクル率を,静脈産業へインプットされた負の製品100と静脈産業からアウトプットされた正の製品80によって計算すると,図

図表3.2.6　MFCA 導入前の資源循環

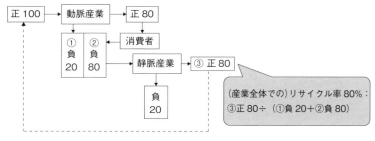

出所:筆者作成。

表3.2.6のMFCA導入前の資源循環では，リサイクル率が80%となることがわかる。

次に，以下の図表3.2.7は，MFCAを動脈産業のみに適用する場合の資源循環を示すものである。

前掲の図表3.2.6のMFCA導入前の資源循環では，動脈産業において，生産プロセスからアウトプットされる負の製品は20となると仮定した。しかし，図表3.2.7のMFCAを動脈産業のみに適用する場合の資源循環では，動脈産業へMFCAを適用することによって，動脈産業における生産プロセスが改善され，生産プロセスからアウトプットされる負の製品は20から10に削減されるとともに，動脈産業へインプットされる正の製品が100から90へと削減されると仮定する。つまり，MFCAの適用によって，生産プロセスが改善されることで，動脈産業では正の製品90がインプットされ，動脈産業の生産プロセスから，正の製品80と負の製品10がアウトプットされると仮定をする（改善によって正の製品の生産割合は80%から88.9%となる）。

次に，動脈産業からアウトプットされた負の製品10と，消費者の使用を経て正の製品から負の製品となった80は，負の製品90（10+80）として静脈産業へインプットされる。

そして，静脈産業の生産プロセスを経て，正の製品72と負の製品18がアウトプットされる。ここで負の製品が18となるのは，静脈産業にはMFCAが適用されていないためである。つまり，図表3.2.6のMFCA導入前の資源循

図表3.2.7　MFCAを動脈産業のみに適用する場合の資源循環

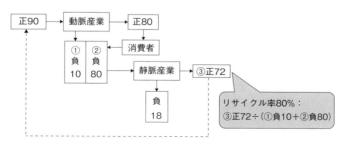

出所：筆者作成。

環と同様に，図表3.2.7のMFCAを動脈産業のみに適用する場合の資源循環においても，静脈産業におけるリサイクル率は80％，負の製品の発生率は20％であるため，静脈産業からアウトプットされる負の製品は18（正の製品72×20％）となる。

産業全体におけるリサイクル率を，静脈産業へインプットされた負の製品90と静脈産業からアウトプットされた正の製品72によって計算すると，図表3.2.7のMFCAを動脈産業にのみ適用する場合の資源循環では，リサイクル率は，図表3.2.6のMFCA導入前の資源循環と同様の80％のままと言うことになる。動脈産業へのMFCAの導入の結果，産業全体でインプットされる正の製品が減少して，アウトプットされる負の製品は20から18へと量的には減少しているが，リサイクル率は変わっていない。

そして，以下の図表3.2.8は，MFCAを動脈産業と静脈産業へ適用する場合の資源循環を示すものである。

ここでも図表3.2.7のMFCAを動脈産業のみに適用する場合の資源循環と同様に，動脈産業へMFCAを適用することによって，動脈産業における生産プロセスが改善され，生産プロセスからアウトプットされる負の製品は20から10に削減されるとともに，動脈産業へインプットされる正の製品が100から90へと削減されると仮定する。つまり，MFCAの適用によって，生産プロセスが改善されることで，動脈産業では正の製品90がインプットされ，動脈産業の生産プロセスから，正の製品80と負の製品10がアウトプットされ

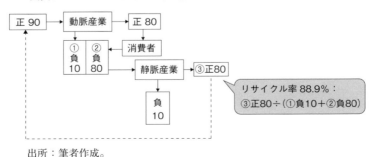

図表3.2.8　MFCAを動脈産業と静脈産業へ適用する場合の資源循環

出所：筆者作成。

ると仮定をする。

　次に，動脈産業からアウトプットされた負の製品10と，消費者の使用を経て正の製品から負の製品となった80は，負の製品90（10+80）として静脈産業へインプットされる。

　そして，静脈産業の生産プロセスを経て，正の製品80と負の製品10がアウトプットされると仮定をする。ここで負の製品が10となるのは，静脈産業にもMFCAが適用されたためである（正の製品の割合を88.9％で計算）。つまり，図表3.2.6のMFCA導入前の資源循環では，リサイクル率80％から計算すると負の製品の発生率は20％であったが，静脈産業へMFCAを適用することによって，静脈産業における生産プロセスが改善されて，静脈産業における負の製品の発生率が11.1％になると仮定するからである。

　産業全体におけるリサイクル率を，静脈産業へインプットされた負の製品90と静脈産業からアウトプットされた正の製品80によって計算すると，図表3.2.8のMFCAを動脈産業と静脈産業の両方へ適用する場合の資源循環では，図表3.2.6のMFCA導入前の資源循環と，図表3.2.7のMFCAを動脈産業のみに適用する場合の資源循環から変化し，88.9％となる。

　つまり，MFCAを動脈産業のみに導入した場合にはリサイクル率は80％であるが，MFCAを動脈産業と静脈産業の両方に導入することによって，生産プロセスが改善される場合は，リサイクル率が88.9％となり，MFCAを動脈産業と静脈産業の両方へ適用することによって，資源が効率的に利用されるようになる。

　したがって，資源の効率的な利用と環境への負荷削減を目指すためには，静脈産業へのMFCAの積極的な適用を行わねばならないと言える。

3 静脈産業における正の製品と負の製品の定義

3.1 グッズ・フリーグッズ・バッズから考える静脈産業の財の特徴

　静脈産業へMFCAを導入するにあたり，検討すべき点は，「正の製品」と「負の製品」の定義である。以下で静脈産業において生産される財の特徴

を検討することによって，静脈産業のMFCAにおける「正の製品」と「負の製品」の定義づけに役立てたい。

　一般に，静脈産業において扱う財とは，廃棄物のイメージがあるが，静脈産業における財とは動脈産業における財と比べて，どのような違いや特徴があるのであろうか。以下では静脈産業の財の特徴について，細田[1999]におけるグッズ・フリーグッズ・バッズの世界（現実の世界）から見ていきたい。

　まず「グッズ」とは，市場取引において「正の価格」がつけられて生産や消費のために用いられる財である。ここで言う「正の価格」とは，「物を受け取り－お金を払う」取引の際の価格を言う。たとえば，ある人にとって不要な家具があったとすると，中古家具収集家にとっては，お金を支払ってでも欲しい家具の場合には，その家具は「グッズ」である[2]。

　次に「フリーグッズ」とは，「価格ゼロ」であれば需要がある財を言う。たとえば，上述の中古家具の場合，価格ゼロであれば引き取られるとすれば，その家具は「フリーグッズ」である。

　そして「バッズ」とは，まだ使える財であるが購入する人が存在せず，それを処理せずに廃棄すると，他人に心理的・物理的な負担を与える財を言う。そのような財は，市場取引において「負の価格」がつけられるものである[3]。ここで言う「負の価格」[4]とは，「物を渡し－お金を払う」取引の際の価格である。たとえば，ある人にとって不要であるが，まだ走行が可能な自動車があったとする。その自動車を購入する人はおらず，もし，その自動車を適正な処理をせずに野外に放置すると，土壌汚染の可能性が生じる場合には，その自動車は「バッズ」である。

　細田[1999]によれば，伝統的な経済学では，ほとんどの場合に「グッズ」の分析のみに力を注いできた。その理由は，需要量が供給量を下回った場合には，超過供給分を無料で処分（自由処分と言う）できると言う仮定にもとづいていたからである。つまり，余った財がお金を払って処分されると言うことを考慮外として，財とは正の価格で取引される「グッズ」のみと考えられた。しかし，現実の世界では，自由処分の仮定がほとんど成り立たず，需給バランスの結果として余った財は，お金を払って処分されなければならな

図表3.3.1 現実の世界

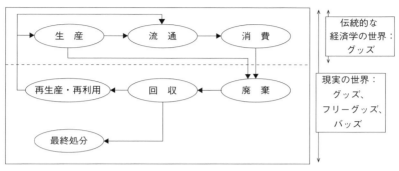

出所：細田［1999］p.20を一部修正[6]。

い。したがって，現実の世界においては，「グッズ」のみならず「フリーグッズ」，および「バッズ」が存在することになる[5]（図表3.3.1を参照）。

3.2 財がグッズになるかバッズになるかの境界は何か

現実の世界においては，グッズ，フリーグッズ，およびバッズが存在するのであるが，それらは，どのように，グッズ・フリーグッズ・バッズとして決まるのであろうか。細田［1999］によれば，ある財がグッズになるかバッズになるかは，財の性質のみによって決まるのではなく，むしろ，経済における需給バランスのなかで決まる[7]。

図表3.3.2に示すように，価格と需要量の関係を示す曲線を需要曲線，価格と供給量の関係を示す曲線を供給曲線とする。市場価格は，この2つの曲線の交点Eにおいて決まり，この場合の財は「正の価格」の「グッズ」として取引される。

しかし，図表3.3.3のように，需要曲線と供給曲線が，価格ゼロ以下の交点E^*において交わる場合も起こりうる。この場合には，AOは「価格ゼロ」の「フリーグッズ」として取引される。そして，価格ゼロでも，供給が需要を上回る量のABには，何かしらの廃棄処理が必要であり，この時の廃棄処理の価格はDD曲線とSS曲線の破線の交点E^*において決まる。この価格

p* は原点より下の価格である。つまり，AB は「負の価格」の「バッズ」として取引されるのである。

上述のように，グッズとバッズは需要と供給の関係で決まるのであるが，さらに細田［1999］によれば，ある財がグッズとなるかバッズとなるかは「需

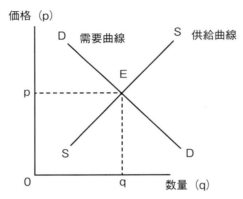

図表3.3.2　グッズの場合の需給関係

出所：細田［1999］p. 8。

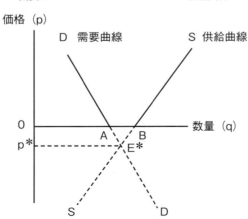

図表3.3.3　フリーグッズ・バッズの需給関係

出所：細田［1999］を修正。

図表3.3.4 需給のバランスによる変化

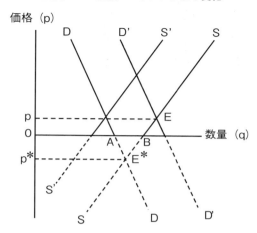

出所：細田［1999］を修正。

給のバランス」次第で変わりうる。

　図表3.3.4において示したように，DD曲線とSS曲線の場合には，ABは「負の価格」の「バッズ」として取引されるが，たとえば，需要曲線がD'D'の位置に，または供給曲線がS'S'の位置に変わった場合には，曲線が第１象限で交わり，この場合の財は「正の価格」の「グッズ」として取引される。つまり，グッズになるか，バッズになるかは「需給のバランス」次第である。

3.3 需給バランスの影響をより受けやすい静脈産業の財

　需給バランスによって財が変化すると言うことから，グッズとバッズの区別は，相対的なものであることが分かる[8]。つまり，前掲の図表3.3.4のように，財とは需給のバランスによってグッズにもなるしバッズにもなるのであり，このことは動脈産業と静脈産業において生産，つまりアウトプットされる財の両方に言える特徴である。

　しかし，静脈産業からアウトプットされる財は，動脈産業からアウトプッ

トされる財よりも，市場における需給バランスの影響をより受けると考えられる。そのため，静脈産業におけるMFCAにおいて，生産プロセスからのアウトプットである「正の製品」と「負の製品」を定義する際には，市場の需給バランスによる変化を考慮することが必要ではないだろうか。

たとえば，図表3.3.5に示したように，鉄スクラップの場合では，市場価格が低下している1998年度から2001年度は，1998年度が年度平均9,183円／トン，1999年度が年度平均8,674円／トン，2000年度が年度平均8,807円／トン，そして2001年度が年度平均7,389円／トンになっている。この市場価格が低下した時期には，その影響によって，不法投棄車両や，解体業者が最終使用者から引き取った車両を放置しておく野積車両が増加したとされ，不法投棄車両等の台数は125,000台とも言われる[9]。

つまり，資源市況が高値になると，生産コストを差し引いても利益が得られるため，自動車解体業者は使用済自動車の回収・解体を行い，中古部品と鉄・非鉄の生産を活発に行う。しかし，資源市況が低迷すると，生産コスト

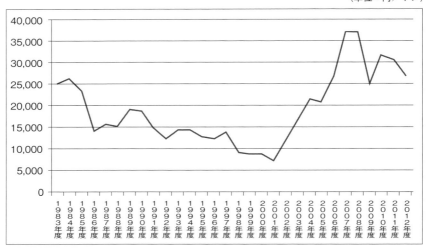

図表3.3.5　鉄スクラップ価格の推移

(単位：円／トン)

出所：日本鉄源協会 http://www.tetsugen.gol.com/ より作成。

を差し引くと利益が得られないため，中古部品の生産のみを行い，鉄・非鉄については，敷地内で保管されることになる。最悪の場合，野外での放置車両となり，それらは「負の製品」と化すことになる。

したがって，静脈産業からアウトプットされる財とは，市況の影響を受けやすいと言えるため，静脈産業のMFCAにおいて「正の製品」と「負の製品」を定義する際には，市場の需給バランスによる変化を考慮することが必要と考えられる。

4 小括

本章では，MFCAは動脈産業へ適用した場合と静脈産業へ適用した場合に，両者のMFCAの違いとは何であるのかを明らかにし，その違いによって，産業全体での資源循環がより促進されることを明らかにした。そして，財の性質から，動脈産業での「正の製品」・「負の製品」と，静脈産業での「正の製品」・「負の製品」は同じ性質であるのかどうかの検討を行った。

動脈産業のMFCAと静脈産業のMFCAには，インプトと改善の2つの違いがある。まず，インプットの違いとして，動脈産業では新しい原材料と「正の製品」がインプットされるのであるが，静脈産業では「負の製品」がインプットされることとなる。そして，改善の違いとして，MFCAが導入されることで，動脈産業ではインプットされる「正の製品」が削減されるのであるが，静脈産業ではアウトプットされる「正の製品」が増加されることとなる。

つまり，動脈産業ではMFCAによって産業全体での資源投入量を削減することが可能であり，静脈産業ではMFCAによって産業全体での正の製品を増加させることが可能となる。それゆえ両産業へMFCAを適用することで，より少ない資源で，より多くの正の製品をアウトプットが可能となると言うことである。このことは，本章において数値例でも述べている。

したがって，環境面と経済面の両立の可能性として，静脈産業へのMFCAの積極的な適用を行わなければならないと言えるであろう。

そこで，静脈産業へMFCAを導入する際には「正の製品」と「負の製

品」を定義することになるのであるが、その際には、本章において述べたように、市場の需給バランスによる変化を考慮することが必要となる。

つまり、生産からアウトプットされる財とは需給のバランスによってグッズにもなるしバッズにもなるのであり、このことは動脈産業と静脈産業においてアウトプットされた財の両方に言える特徴である。しかし、静脈産業からアウトプットされる財とは、動脈産業における財と比べると、グッズまたはバッズと言う財の性質が変化する傾向が強いと考えられる。

したがって、静脈産業におけるMFCAにおいて「正の製品」と「負の製品」を定義する際には、市場の需給バランスによる変化を考慮することが求められるのである。

次章以降では、静脈産業へのMFCAの適用によって産業全体での資源の有効利用が可能となることを、自動車解体業を対象としたMFCAの作成によって示したいと考えている。

(注)
1 なお、MFCA導入前と同じ量の正の製品（原材料）をインプットする場合には、MFCAによる負の製品の削減によって正の製品が増えることとなる。しかし、それでは消費者の使用を終えた後に静脈産業へインプットされる負の製品の量は削減されず、動脈産業から排出される負の製品の削減にはつながらない。よってここでは負の製品の削減によって動脈産業にインプットされる正の製品（原材料）も削減されることとするものである。
2 細田［1999］p.5。細田［1999］では取引されるモノをグッズとバッズに分け、この分割が需給関係によって決まる相対的なものであることを強調している。
3 細田［1999］p.4・5。「ある人の行動が市場経済の取引を経由せず他の誰かに心理的ないしは物理的な負担を与える場合、それを外部不経済とよぶ」（細田［1999］p.4）。
4 廃棄物といった費用をかけて処理すべきものは負の価格がつけられる。なお、負の価格の取引ではモノとお金の流れが同じ方向になる。この状況を「逆有償」という。詳細は細田［1999］第1章を参照されたい。
5 細田［1999］pp.17-20。
6 なお、細田［1999］において主に扱う世界とは図表の破線から下の世界である。
7 細田［1999］p.13。
8 細田［1999］p.28。
9 日本自動車リサイクル部品販売団体協議会［2010］pp.50・51。石渡［2004］pp.114・115。

第 4 章

資源循環を担う自動車解体業への適用可能性

1 はじめに

　前章では，資源の効率的な利用と自然環境への負荷削減を目指すためには，静脈産業へのMFCAの積極的な適用を行う必要があることを述べた。

　そこで本章では，静脈産業へのMFCAの適用が可能であるのかどうかを検討するのであるが，そもそも，静脈産業がなぜ求められるのかと言う，根本的な話から，始めることとする。

　以下では，まず，廃棄物の最終処分場の現状から，資源の有効利用が必要とされていることについて見ていく。次に，自動車の資源の構成と使用済自動車の発生台数から，自動車のリサイクルの必要性を述べる。さらに，解体屋から「リサイクル産業」へと発展しつつある自動車解体業が，どのような経営を行い，どのように使用済自動車からの「生産」を行っているのかを見ていく。そして，MFCAの計算構造からMFCAの原価計算としての特徴を述べ，自動車解体業の生産プロセスへのMFCAの適用可能性について検討をしたい。

2 処分場問題と資源としての自動車

2.1 我が国が抱える最終処分場問題

　我が国では，1年間に約15.3億トンの石油，石炭，鉄鉱石，岩石等の資源を投入して約8.8億トンの財を生産している。この財を生産するために，約

4.4億トンのエネルギーを消費し，約0.6億トンの有価副産物と約3.9億トンの産業廃棄物を排出している[1]。

問題とされるのは，最終処分場における埋立処分には限りがあると言う点である。2011年3月末日現在で，産業廃棄物最終処分場の残存容量は約19,452万㎥であり，最終処分場の残余年数（埋立が可能な年数を言う）は全国平均で13.6年とされる[2]（図表4.2.1を参照）。

1997年度から2010年度までを見てみると，残存容量はほぼ横ばいであるが，残余年数は増加をしている。

残余年数が増加をしている理由の1つには，再生利用量と中間処理によって廃棄物の量が減量化され，その結果，最終処分量が減少したことによる[3]。

したがって，経済活動において廃棄物を再生利用することが，最終処分場問題の解決へつながることとなる。

我が国では，再生利用，つまり3R（リデュース，リユース，リサイクル）や廃棄物対策の推進が行われており，1991年に「再生資源利用促進法（改正されて資源有効利用促進法となった）」が施行されて以後，法律の整備が体系的に進められた。

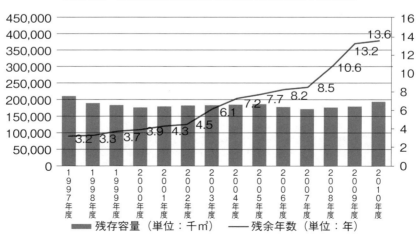

図表4.2.1　産業廃棄物最終処分場の残存容量と残余年数の推移

出所：経済産業省［2013］p.9。

そして，具体的な個別のリサイクル法として，容器包装リサイクル法（1997年施行），家電リサイクル法（2001年施行），食品リサイクル法（2001年施行），自動車リサイクル法（2005年施行），建設リサイクル法（2002年施行）が整備された[4]。

これら個別法からもわかるように，自動車は，我が国の3R政策の柱の1つであり，資源としての有効利用が求められているのである。

2.2 使用済自動車のリサイクルの可能性

では，資源としての有効利用が求められる自動車であるが，使用済自動車にはどのようなリサイクルの用途があるのか見ていこう。

図表4.2.2に示すように，たとえば，エンジンは主に鉄とアルミからなるため，エンジンを取り外して，鉄やアルミとして精錬し，資源としてリサイクルを行うことが可能である。同様に，ボンネット，ドアに関しても，主に鉄からなるため，取り外して，資源としてリサイクルを行うことが可能であ

図表4.2.2　使用済自動車のリサイクル用途

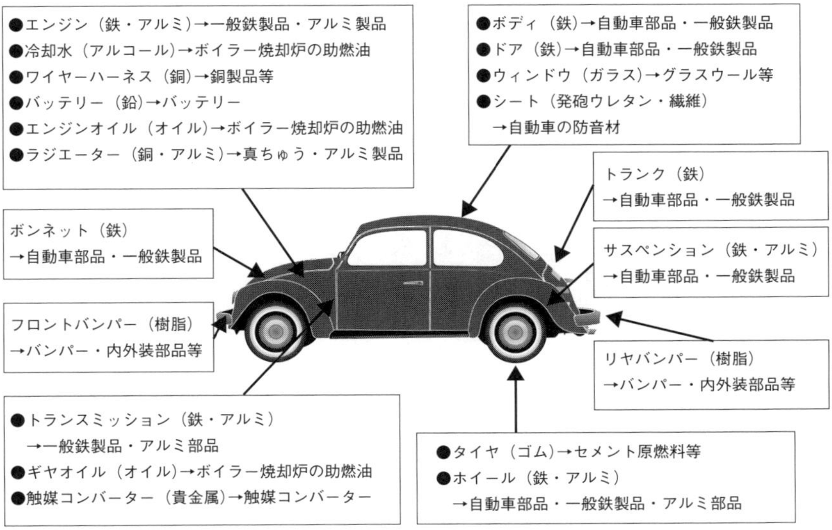

- エンジン（鉄・アルミ）→一般鉄製品・アルミ製品
- 冷却水（アルコール）→ボイラー焼却炉の助燃油
- ワイヤーハーネス（銅）→銅製品等
- バッテリー（鉛）→バッテリー
- エンジンオイル（オイル）→ボイラー焼却炉の助燃油
- ラジエーター（銅・アルミ）→真ちゅう・アルミ製品

- ボディ（鉄）→自動車部品・一般鉄製品
- ドア（鉄）→自動車部品・一般鉄製品
- ウィンドウ（ガラス）→グラスウール等
- シート（発砲ウレタン・繊維）
  →自動車の防音材

- ボンネット（鉄）
  →自動車部品・一般鉄製品

- フロントバンパー（樹脂）
  →バンパー・内外装部品等

- トランスミッション（鉄・アルミ）
  →一般鉄製品・アルミ部品
- ギヤオイル（オイル）→ボイラー焼却炉の助燃油
- 触媒コンバーター（貴金属）→触媒コンバーター

- トランク（鉄）
  →自動車部品・一般鉄製品

- サスペンション（鉄・アルミ）
  →自動車部品・一般鉄製品

- リヤバンパー（樹脂）
  →バンパー・内外装部品等

- タイヤ（ゴム）→セメント原燃料等
- ホイール（鉄・アルミ）
  →自動車部品・一般鉄製品・アルミ部品

出所：経済産業省［2011］p.38を一部修正。

る。また，図表には記していないが，精錬によって資源として再利用するだけでなく，ドア，ライト，バンパー等を，そのままの状態で，中古部品として再使用することも可能である。

このように資源の宝庫である自動車は，我が国に何台あるのであろうか。

図表4.2.3に示すように，我が国では，年間約600万台の自動車が新規に登録され（図表4.2.3の「新規登録台数」を参照），年間約7,500万台が保有されている（図表4.2.3の「保有台数」を参照）。そして，保有されている自動車のうち，年間約400万台が，使用済自動車となる（図表4.2.3の「使用済自動車台数」を参照）[5]。

と言うことは，年間約400万台の使用済自動車が，有効に資源としてリサイクルされるには，自動車解体業が大きな役割を担うことが求められ，自動

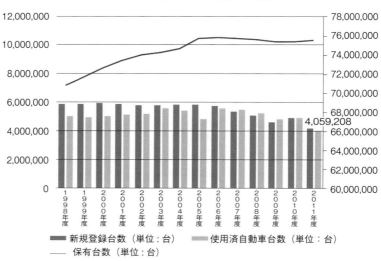

図表4.2.3　使用済自動車台数の推移

注：乗用車，バス，トラックの台数である。「使用済自動車台数」は，「当年使用済自動車台数＝前年末保有台数＋当年新規登録台数－当年末保有台数」によって算定しており，年度内において，使用済自動車として廃車処理された台数と，輸出された台数が含まれる。

出所：日本自動車工業会「自動車統計月報」より作成。

車解体業における生産プロセスについて把握・管理されることが必要である。では，自動車解体業とはいったいどのような業種なのであろうか。以下で見ていくことにしよう。

3 リサイクル産業として発展しつつある自動車解体業

3.1 解体屋から売れる部品を生産するリサイクル産業へ

　日本に自動車が初めて持ち込まれたのは1898年であり，自動車が商業的に日本国内へ輸入されるようになったのは1900年代の初頭からである。自動車は，当初はごく少数の富裕層のみが所有するものであったが，1923年の関東大震災からの復興期に，米国のフォードやGMが国内に組立工場を設立したことで，急速に普及をした。自動車の普及に伴い，東京都墨田区に，我が国初の解体業が誕生し，主に，使用済自動車から部品を取り外して中古部品として販売をしていた[6]。

　そして，第2次世界大戦後には，米軍からの払い下げ車両や，空襲で焼けた車両から，使用済自動車が大量に発生した。その頃，鉄スクラップから精錬を行う技術が発達したことを受けて，解体業者は，中古部品の販売に加えて，部品を取り外した後の車体（廃車ガラと言う）を鉄スクラップの原料として販売するようになった[7]。

　さらに，1955年から1973年の第1次オイルショックまでに，日本は自動車産業を基幹産業として経済成長を遂げ，自動車保有台数は，1958年では約88万台，1697年は約1,050万台，1978年には約3,400万台と急増した。自動車の保有台数の増加に伴い，1980年ごろには使用済自動車台数は約300万台（推定）も発生し，さらに，鉄スクラップ市況が高値を付けていた。解体業は，解体すればするほど儲かる状態であり，中古部品の販売よりも，廃車ガラでの販売によって，利益をあげていた[8]。

　このように自動車解体業は，自動車産業の発展と自動車の普及とともに発展を遂げたのであるが，生産方法は現在の「生産」とはほど遠いものであり，使用済自動車を解体して部品を取り出し，廃車ガラをシュレッダー業者

へ売ると言う「解体屋」であった。

　ここで，解体業者とシュレッダー業者の関係を説明しておこう。解体業者は，廃車ガラをシュレッダー業者へ引き渡す（通常は売却がされる）。そして，シュレッダー業者は，廃車ガラを破砕し，資源としての鉄スクラップを取り出す。資源である鉄以外の部分は「シュレッダーダスト」と呼ばれる廃棄物となる。鉄スクラップは相場価格によって鉄鋼メーカー等に引き渡され（通常はシュレッダー業者から鉄鋼メーカー等へ売却がされる），破砕くずは最終処分場において埋立処分がされることとなる。

　上述のように，1980年代まで，鉄スクラップ市況が好況であったため，解体業者からシュレッダー業者へ，廃車ガラが高値で売却された。そのため，当時の解体業者には，使用済自動車から部品を生産する意識は希薄であり，鉄スクラップの市況の変化に一喜一憂する投機家のようであった[9]。

　しかし，1980年代後半から状況が変化した。最終処分場の処理費用が高騰し，鉄スクラップ市況が大幅に下落したのである。それまでは，解体業者からシュレッダー業者へと廃車ガラが引き渡されるときには，シュレッダー業者が解体業者へ購入代金を支払い，廃車ガラは「有償」で取引されていた。しかし，最終処分場の受け入れ可能容量の逼迫によって，解体業者からシュレッダー業者へと廃車ガラが引き渡されるときには，解体業者がシュレッダー業者へ処理費用を支払うことになった。つまり，廃車ガラは，処理費用がかかる廃棄物となったのである。さらに，鉄スクラップ市況が大幅に下落し，廃車ガラの鉄スクラップ原料としての価値が下落した[10]。

　解体業者が廃車ガラをシュレッダー業者へ持っていけば儲かる構図が崩れたことによって，解体業者は中古部品の製造と販売にも力を入れるようになる。つまり，単なる解体屋から，売れる部品を生産すると言う「リサイクル産業」へと転換することになる[11]。

3.2 解体業の基礎データと業務組織

　「リサイクル産業」としての地位を築きつつある自動車解体業であるが，その経営はどのような状況なのか見ていこう。

　自動車解体業者は全国で5,687とされるが[12]，解体業者の従業員数や月の解

体台数等の経営に関するデータは，これまでほとんど存在しなかった。しかし，2007年に，日本ELVリサイクル機構[13]によって全国規模でのアンケート調査が行われたことで，その経営がある程度明らかにされた。

アンケート調査は，2006年8月から12月にわたりインターネットと書面方式の併用で行われた。集計回答数は472件であり，日本ELVリサイクル機構の会員に占める回答率は49.1%である。なお，解体業者には自動車解体のほかに自動車整備，中古車販売も行っている者がいるために，アンケートでは解体部門の表現となっている。

筆者のこれまでの現地調査では，多くの解体業者が数人の従業員で解体を行う小規模経営である。それゆえ解体部門の人数（図表4.3.1を参照）において，約過半数の業者にあたる56%が6人以下で解体を行っているとの結果は，現地調査で見てきた感覚を裏付ける数値である。

また，月間解体台数（図表4.3.2を参照）では100台以下が56%となっており，6人以下の小規模経営のパーセンテージと一致する結果となっている。

小規模経営と解体台数はほぼ対応していると思われるが，解体台数が多いほど売上高につながるのでは無い点については留意しておきたい。と言うのも，中古部品または原材料として売却

図表4.3.1　解体部門の人数

3人以下	35%
4-6人	21%
7-10人	17%
11-15人	8%
16-20人	6%
21人以上	6%
不　明	8%

出所：日本ELVリサイクル機構［2007］p.6。

図表4.3.2　月間解体台数

100台以下	56%
101-300台	22%
301-500台	6%
501台以上	7%
不　明	8%

出所：日本ELVリサイクル機構［2007］p.6。

図表4.3.3　解体部門の年間売上高

3,000万円未満	36%
3,000万-5,000万円未満	11%
5,000万-1億円未満	16%
1億-2億円未満	14%
2億-3億円未満	7%
3億円以上	10%
不　明	7%

出所：日本ELVリサイクル機構［2007］p.6。

図表4.3.4　部門別による業務と工程・作業内容

部門	業務	工　程　・　作　業　内　容	
営業部門	仕入業務	仕　入	使用済自動車の仕入れ
^	販売業務	国内向製品	業販への対応 （オンラインでの自動注文確定。取引先は業者）
^	^	^	直販への対応 （主に電話での注文。取引先は主に個人）
^	^	輸出向製品	輸出への対応
^	^	マテリアル（非鉄素材・鉄スクラップ）	非鉄素材販売への対応
^	^	^	鉄スクラップ（廃車ガラ）販売への対応
業務部門	生産業務	前処理	エアバッグ・フロン等の回収・取外し
^	^	液抜き	燃料・LLC等の液類の回収
^	^	部品取り	部品（製品）の回収（製造）
^	^	マテリアル（非鉄素材・鉄スクラップ）回収	足回り・触媒・エンジン等の回収（製造）
^	商品化業務（倉庫）	仕入指示	仕入業務への仕入を指示
^	^	生産指示	生産業務への生産を指示
^	^	製品登録	製品のデータを登録
^	^	在庫管理	在庫処分を指示
^	^	^	製品の販売価格を指示

出所：自動車解体業社A社へのヒアリングから筆者作成。

可能な資源が多く含まれる使用済自動車を仕入れた場合には売上につながるからである。とは言え，解体部門の年間売上高（図表4.3.3を参照）からは，解体業が産業の規模としてはまだ非常に小さいものであることが読み取れる。年間売上高3,000万円未満が36％との結果から，解体業の厳しい経営状態が窺える。

　次に，自動車解体業の組織についてである（図表4.3.4を参照）。解体業では，従業員数・解体台数に関係なく，多くが営業部門と業務部門の2部門に大別される。さらに2つの部門は，4業務に細分され，営業部門は仕入業務と販売業務に，業務部門は生産業務と商品化業務（倉庫とも言う）に分けられる。

第4章　資源循環を担う自動車解体業への適用可能性

　まず，仕入業務では，「製品」についての顧客のニーズを把握したうえで使用済自動車の「仕入」が行われる。仕入先には，個人消費者，損害保険会社，自動車ディーラーがあるが，使用済自動車の発生台数が激減した場合には中古車のオークションから購入をしてくる場合もある[14]。なお，ここで言う「製品」とは一般に言う中古部品のことである。

　次に，販売業務では，「国内向製品」，「輸出向製品」，「マテリアル」の受注業務が行われる。ここでの「マテリアル」とは，アルミ等の非鉄金属を指す「非鉄素材」と主に車体のみを指す「鉄スクラップ」である。

　さらに生産業務では，使用済自動車からエアバッグ・フロンガス等を回収・取外す「前処理」，燃料・LLC等を回収する「液抜き」，部品（製品）を中古品として販売するために回収（製造）する「部品取り」，およびエンジン・足回り・触媒等を非鉄素材として売却するために回収（製造）する「マテリアル回収」が行われる。なお，部品は使用済自動車から回収された時点で「製品」となり，部品の回収・取外しを「製造」と言う。

　そして商品化業務（倉庫）では，仕入業務への「仕入指示」，生産業務への「生産指示」，製品のデータを登録する「製品登録」および「在庫管理」が行われる。

3.3　経営の柱によって採用される生産システム

　上述のように2部門4業務からなる自動車解体業であるが，自動車解体業には経営の柱が3つあるとされる。それは「国内向製品」，「輸出向製品」，および「マテリアル（非鉄素材・鉄スクラップからなる）」である。解体業では，この3つをバランスよく行うことが大事[15]と言われるように，経営環境に応じて，3つのバランスを変える傾向がある。

　3つの柱のうち，「マテリアル」では，相場の変動による影響を受ける傾向にあり，相場が下落した場合には，利益が出ないことがある。そのため，たとえば，素材市況が好況の時にはマテリアルに重点を置き，市況が不況の時には，国内向製品や輸出向製品に重点を置く工夫がされる。

　しかし，経営環境に応じて，経営の柱を変化させる解体業者だけではなく，経営環境に左右されないように，製品の製造，つまり上述の国内向製

品・輸出向製品を主体とする解体業者もいる。なお，製品が主である場合でも，従としてマテリアルの生産業務が行われている業者もある。また逆に，マテリアルが主である場合でも，従として製品の製造が行われている業者もある。

　筆者のこれまでの調査によれば，生産業務における生産システムは，経営の柱となる国内外向の製品とマテリアルのどちらを主力製品とするかによって，「製品生産システム」と「マテリアル生産システム」とに分かれる傾向が見られる（図表4.3.5を参照）。

　国内外向製品を主力とする場合には，「製品生産システム」が採用される。このシステムでは，1台の使用済自動車から売れる製品を生産するために，使用済自動車には質が求められる。そのため，高質の使用済自動車を少量に仕入れ，生産方法が手解体になる傾向がある。

　他方，「マテリアル生産システム」では，マテリアル（非鉄素材・鉄スクラップ）の生産が重視される。このシステムでは，多くのマテリアルを生産するために，使用済自動車には量が求められる。そのため，質を問わず大量

図表4.3.5　生産システム別の使用済自動車・仕入・生産方法

生産システム	使用済自動車	仕　入	生産方法
製品生産システム	質	少　量	手解体
マテリアル生産システム	量	大　量	重機解体

出所：筆者作成。

写真4.3.1　手解体

出所：筆者撮影。

写真4.3.2　重機解体

出所：筆者撮影。

に仕入れ，生産方法が重機解体になる傾向がある（写真4.3.1と写真4.3.2を参照）。

3.4 自動車解体の生産プロセスとアウトプットされるもの

では，自動車解体業における生産プロセスについて見ていこう。図表4.3.6に示すように，自動車解体業においては，業務部門の生産業務が生産プロセスに該当する。生産プロセスでは4工程，「前処理」「液抜き」「部品取り」「マテリアル回収」が行われる。なお，「部品取り」と「マテリアル回収」は並行して行われるため，図表4.3.6において上下に示している。

図表4.3.6に示したように，まず使用済自動車が生産プロセスへインプットされると，「前処理」工程においてエアバッグ・フロンの回収・取り外しが行われる（写真4.3.3，写真4.3.4，写真4.3.5を参照）。

ヤードが狭い業者（市街地に立地している場合に多く見られる）では，車輛を2段や3段に重ねる等をして，狭小な立地に多くの台数を置けるような工夫をしている。

次に，「液抜き」工程において，廃燃料・廃液・廃油の液類が回収される（写真4.3.6を参照）。液類は，ポンプにて吸い取る方法や，車輛をリフトでアップして容器に垂れ流す方法があり，各業者で工夫がされる。

さらに，「部品取り」工程において，部品が取り外される（写真4.3.7を参照）。生産管理のシステムを導入している業者では，生産指示書が出力さ

図表4.3.6　自動車解体業の生産プロセス

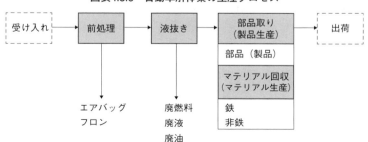

出所：筆者作成。

写真4.3.3 使用済自動車の受け入れ

出所：筆者撮影。

写真4.3.4 回収されたエアバッグ

出所：筆者撮影。

写真4.3.5 展開（破裂）されたエアバック

出所：筆者撮影。

れ，その指示書をもとに部品の取り外しが行われる。

そして，「マテリアル回収」工程において，足回り・触媒・エンジン等の鉄・非鉄が回収される（写真4.3.8，写真4.3.9，写真4.3.10を参照）。足回りには鉄が含まれ，触媒には非鉄金属が含まれる。またエンジンには鉄とアルミが含まれている。

最終的に，鉄・非鉄は業者へ販売されて，部品（製品）は個人および業者へ販売がされる。また，鉄・非鉄，部品が回収された廃車ガラは，シュレッダー業者へ引き渡される（写真4.3.11と写真4.3.12を参照）。なお，部品（製品）は倉庫に保管されるが，部品（製品）と棚に番号を付けて，在庫管理を行っている。

以上，見てきたように，自動車解体業では，組織が仕入・販売・生産・倉

写真4.3.6 液抜き

出所：筆者撮影。

写真4.3.7 部品取り

出所：筆者撮影。

写真4.3.8 マテリアル回収

出所：筆者撮影。

写真4.3.9 鉄

出所：筆者撮影。

写真4.3.10 非鉄

出所：筆者撮影。

庫の4業務からなり，製品を主として生産を行う場合には，生産方法を「手解体」とし，マテリアルを主として生産を行う場合には，生産方法を「重機

写真4.3.11 廃車ガラ

写真4.3.12 部品（製品）

出所：筆者撮影。

出所：筆者撮影。

解体」としている。そして、生産プロセスは、前処理・液抜き・部品取り・マテリアル回収の4工程からなる。

今日、自動車解体業者は、このような事業形態へと発展し、資源としての自動車を循環させる役割を担っているのであるが、自動車解体業へMFCAを適用することによって、さらに資源が効率的に利用されるのではないだろうか。以下では、はたして、自動車解体業へのMFCAの適用は可能であるのか検討をしていこう。

4 自動車解体業の生産プロセスから考えるMFCAの適用可能性

4.1 「正の製品」と「負の製品」として考えるMFCAの特徴

本節以降では、MFCAの計算構造からMFCAの原価計算としての特徴を述べる。そして、自動車解体業においても、MFCAの特徴に当てはまるのかどうかを考察し、自動車解体業へもMFCAが適用可能であるのかを検討したい。

MFCAとは「製造工程内のマテリアル（原材料）の実際の流れ（フローとストック）を投入物質ごとに金額と物量単位で追跡し、工程から出る製品と廃棄物をどちらも一種の製品と見立ててコストを計算する手法」（國部編著[2008]p.5）であり、この手法では、製品（products）を「正の製品（positive products)」,廃棄物(waste)や排出(emissions)を「負の製品(negative products)」と言う[16]。

MFCAでは,生産プロセスにおいて廃棄物が生じるポイント(物量センターと言う)で,すべての投入物(マテリアル)のインとアウトを測定し,良品として次の工程に引き継がれる部分である「正の製品」と,廃棄される部分である「負の製品」とを区別する。

そして,一般的に,コストを次の3つに分類する。投入された原材料からなるマテリアルコスト(Material Costs),労務費や減価償却費等の加工費からなるシステムコスト(System Costs),そして廃棄物の配送または処理コスト(Delivery or Disposal Costs)である。

では,本書の序章においても簡単に述べているが,以下で,MFCAの原価計算としての特徴を,非常に簡素化した例を用いて,通常の原価計算と比較して見ていこう。

たとえば,原材料費1,000円,加工費600円で,製品1個をアウトプットするプロセスを想定したとする。またそこでの原材料の投入高は100kgであり最終製品は80kgであるとする。通常の原価計算では図表4.4.1のようになる。つまり,廃棄物が20kg発生しているとき,通常の原価計算では,廃棄物のコストは計算されず,インプット段階での投入額の合計である1,600円が製品原価として計算されてきた。

図表4.4.1　通常の原価計算

出所:Jasch[2009]p.117. 國部編著[2008]p.6。

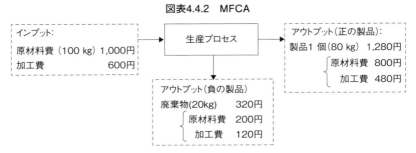

図表4.4.2 MFCA

出所：Jasch ［2009］p.118. 國部編著 ［2008］p. 7 。

　一方，MFCAでは，図表4.4.2のように計算がされる。原材料費1,000円は，製品と廃棄物の重量比に従い製品へ800円，廃棄物へ200円が配分される。また，加工費の配賦方法には時間等の配賦基準が考えられるが，MFCAでは，原材料の重量比を基準として，製品へ480円，廃棄物へ120円が配賦される[17]。

　つまり，MFCAにおいて重要な情報とは，廃棄物が320円と言うことである。通常の原価計算では，廃棄物は20kg相当の物質として理解されるが，MFCAを導入することによって，その物質が320円相当であることが明らかにされる[18]。

　したがって，MFCAの原価計算としての特徴とは，生産プロセスからアウトプットされるものを「正の製品」と「負の製品」として考える点である。

　それでは，自動車解体業では，生産プロセスから「正の製品」と「負の製品」がアウトプットされているのであろうか。アウトプットがされているのであれば，自動車解体業においてもMFCAが適用可能であると考えられる。

4.2　自動車解体業においてアウトプットされる「正の製品」と「負の製品」

　先述したように，自動車解体業の生産プロセスでは，4工程，「前処理」「液抜き」「部品取り」「マテリアル回収」が行われる。

　図表4.4.3（図表4.3.6と同じ図表）に示すように，まず，使用済自動車が生

図表4.4.3　自動車解体業の生産プロセス

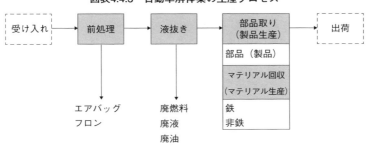

出所：筆者作成。

図表4.4.4　自動車解体業における「正の製品」と「負の製品」

出所：筆者作成。

産プロセスへインプットされると，「前処理」工程において，エアバッグ・フロンの回収・取り外しが行われる。次に，「液抜き」工程において，廃燃料・廃液・廃油の液類が回収される。

さらに，「部品取り」工程において，部品が取り外される。

そして，「マテリアル回収」工程において，足回り・触媒・エンジン等の鉄・非鉄が回収され，最終的に，鉄・非鉄は業者へ販売され，部品（製品）は個人および業者へ販売がされる。

つまり，図表4.4.4に示すように，自動車解体業の生産プロセスを見ると，生産プロセスからは部品（製品）と鉄・非鉄が「正の製品」としてアウト

プットがされる。また，エアバッグ・フロン・液類が「負の製品」としてアウトプットされることとなる。

前述したようにMFCAの原価計算としての特徴とは，生産プロセスからのアウトプットを，「正の製品」と「負の製品」として考える点であるが，自動車解体業においても，生産プロセスにおいて「正の製品」および「負の製品」がアウトプットされている。したがって，自動車解体業へMFCAを適用することは可能であると言える。

5 小括

本章において述べたように，経済活動の結果発生する廃棄物は，最終的に最終処分場において埋立処分されるのであるが，この埋立処分には限りがあり，産業廃棄物最終処分場の残存容量は約19,452万㎥，最終処分場の残余年数は全国平均で13.6年であった。そのため，資源を有効に利用することで，廃棄物を削減することが求められており，とりわけ自動車は，我が国における3R政策の柱の1つとされ，鉄・非鉄・中古部品としてのリサイクルが求められている。

そして，自動車のリサイクルを担うのが自動車解体業である。自動車解体業者は，今や，資源循環を担う産業である。このような自動車解体業へMFCAを適用することで，具体的な問題である最終処分場問題の解決，資源の効率的な利用，ならびに自然環境への負荷削減が図られるのではないだろうか。

そこで本章では，自動車解体業へMFCAが適用可能であるのかを検討した。MFCAの原価計算としての特徴とは，生産プロセスからのアウトプットを，「正の製品」と「負の製品」として考える点にある。自動車解体業の生産プロセスを見てみると，そこでも「正の製品」および「負の製品」がアウトプットされている。

したがって，自動車解体業へMFCAを適用することは可能であると考えられ，自動車解体業へMFCAを適用することによって，さらに資源が効率的に利用されることが期待されるのである。

しかし，第3章において述べたように，静脈産業における財とは，動脈産業における財と比べると，グッズまたはバッズと言う財の性質が変化する傾向が強いことから，静脈産業におけるMFCAにおいて「正の製品」と「負の製品」を定義する際には，市場の需給バランスによる変化を考慮することが求められる。

　また，これまでのMFCAの導入事例から，原則によらない多様な方法も考えられる。それらを踏まえて，自動車解体業におけるMFCAの作成を試みる。まず次章では，MFCAの多様な適用方法について見ていこう。

(注)
1　2010年の日本のマテリアルバランスからのデータである。クリーン・ジャパン・センター[2013]p.4。
2　経済産業省[2013]p.9。
3　経済産業省[2011]p.8。
4　経済産業省[2011]p.11。
5　ここでの使用済自動車台数は，廃車処理されるものと海外輸出されるものを含む台数である。なお，自動車リサイクル法の運用においては電子マニフェスト制度が導入されており，自動車の最終所有者から自動車を引き取った時には，情報管理センターへ引取りの報告をすることになっている。その台数は2013年度では343万台である。自動車リサイクル促進センターhttp://www.jarc.or.jp/ を参照。
6　平岩・貫[2004]pp.49・50。
7　平岩・貫[2004]pp.50・51。
8　平岩・貫[2004]p.51。自動車新規登録台数は1923年に約1万6,000台，1926年に約3万8,000台，1929年に約8万台である。平岩・貫[2004]p.50。
9　現在でも鉄スクラップ市況は変化し，最近では2000年から2008年7月に，中国，韓国，中近東等の景気上昇に伴う輸入の増大とともに高値を付けた。この8年間に，自動車解体業者は「投機の美味」に酔ったと言う。日本自動車リサイクル部品販売団体協議会[2010]pp.51・52。
10　平岩・貫[2004]p.55。
11　市況が下落する以前に，スクラップに頼らない中古部品商を目指す団体が組織されていた。1977年には「リビルトパーツクラブ」，1979年には「自動車解体部品同友会」が誕生した。日本自動車リサイクル部品販売団体協議会[2010]第1章を参照。
12　自動車リサイクル法のもと登録・許可を受けている自動車解体業者数（2013年度末時点）である。経済産業省[2014]を参照。なお，2005年1月1日より施行された自動車リサイクル法では自動車解体事業者に対して都道府県知事または保健所設置市長への許可申請を行い，解体業の許可を受けることとされている。許可は5年ごとの更新制である。自動車リサイクル促進センターhttp://www.jarc.or.jp/ を参照。
13　ELVとはEnd-of-Life Vehicleのことであり，使用済みの自動車または廃棄される自動車（廃車とも言う）を言う。
14　オークションからの仕入は2005年に自動車リサイクル法が施行されてから顕著にな

り，ELV をめぐる「オークション問題」として取り上げられている。日刊市況通信社[2005a]を参照。なお，本書の校正時点で発表された矢野経済研究所[2014]では，解体業者の経営実態に関してアンケート調査が実施されており参照されたい。
15 2008年11月17日，K社へのヒアリングより。
16 Jasch[2009]p.116．國部編著[2008]p.5。
17 Jasch[2009]p.119．國部編著[2008]p.5。なお，コストを，次の4つに分類することもある。主材料費および補助材料からなるマテリアルコスト，労務費・減価償却費などの加工費からなるシステムコスト，電力費・燃料費などからなるエネルギーコスト，廃棄物の処理費用からなる廃棄物処理コストである。國部編著[2008]p.20を参照。
18 國部編著[2008]pp.6·7。

第5章

MFCAの多様な適用方法

1 はじめに

　MFCAは，その計算の仕組みからすると，原材料から製品を製造する製造業において導入されるものと思われがちであるが，経済産業省におけるMFCAの導入実証事業においては，原材料から製品の製造を行う製造業のみならず，サービス業においても，MFCAが導入されている[1]。

　本章では，これまでのMFCAの導入事例から，MFCAが多様な業種において適用可能であることを検討したい。また，MFCAでは，正の製品と負の製品へのシステムコスト・エネルギーコストの配賦方法は，原則として，原材料の重量比によって配賦がされるのであるが，必ずしも原材料の重量比によらずに，企業の実態に沿った方法によることが可能であることを検討したい。本章において検討する動脈産業における多様な方法は，静脈産業においてMFCAを適用する際の参考となるものである。

2 MFCAを適用する業種の多様性

2.1 流通販売サービス業におけるMFCA導入事例

　まずは，コンビニエンスストアにおけるMFCAの導入事例である[2]。

　コンビニエンスストアでは，小規模な店舗において食品・雑誌・雑貨など多岐にわたる商品を販売し，同時に，コピーや物品の配送・公共料金の支払い等の様々なサービスも提供している。事例のコンビニエンスストアは地方

都市にある一般的な店舗である。

　本事例におけるMFCAでは、売れ残った場合にそのコンビニエンスストアで廃棄処分される商品である食品を対象範囲とし、なかでも、売れ残りの量とコストを明確にするために、多くの種類の食品のうち、常に販売をしている焼鮭・ツナ・明太子の3種類のおにぎりを対象商品としている。なお、販売する食品には賞味期限が表示され、賞味期限の数時間前には、その商品をショーケースから撤去して廃棄処分とするルールになっている。

　また、本事例では、店舗全体を物量センターとし、マテリアルロスを、仕入れた商品のうち売れ残りになり廃棄処分されたおにぎりとしている。そして、当該事例では、焼鮭・ツナ・明太子の3種類のおにぎりについて、1週間の納品（仕入）数量、販売数量、廃棄数量の実績をPOSシステムのデータから集計して分析を行い、エネルギーコストとしては電気代を、システムコストとしては人件費とロイヤリティを、MFCA計算に含めて検討している。

　図表5.2.1に示すように、MFCAの集計・計算の結果、対象とした3種のおにぎりは、1週間で345個が納品され、そのうち、販売されたおにぎりは301個、廃棄されたおにぎりは41個となった。

　そして、おにぎりのインプット・アウトプット分析における個数に材料単価を乗じて計算したのが、図表5.2.2のMFCAのバランスシートである。インプットとは、納品されたおにぎりのことであり、たとえば、鮭では「材料単価0.065千円×127個＝8.255千円」がコストとして計算される。

　図表5.2.2のMFCAのバランスシートでは、インプットにおけるコストの合計金額である23.868千円に占める各おにぎりのコスト割合が計算されており、たとえば、アウトプットにおける廃棄商品の明太子21個のコストは1.638千円であるが、この金額とインプットにおけるコスト合計である23.868千円から、「1.638千円÷23.868千円×100＝6.9%」が、コスト合計に占める割合として計算されるのである。

　この事例では、MFCAバランスシートから、廃棄されたおにぎり41個がコストベースでは12.3%になっていることが指摘されており、発注に関して改善を要するものとしている。

MFCAを導入する際には，生産プロセス内で「物量センター」をどこにするのかと言う問題がある。また，製造業以外の業種の場合，「正の製品」と「負の製品」を何にするのかが難しい問題である。

 しかし，以上のように非常に簡単な事例ではあるが，この事例は，製造業ではない流通販売サービス業においても，MFCAの導入が可能であることを示すものである。また，店舗を1つの生産プロセスに見立てて商品の流れを把握する方法は，単純ではあるが，この考え方はMFCAを製造業以外でも導入可能であると思われる。

 さらに，本事例では，販売された商品を「正の製品」として，販売されずに廃棄された商品を「負の製品」として捉えるものであり，この考え方は，静脈産業において生産される製品を考える上で参考となる。先に述べたよう

図表5.2.1　コンビニエンスストアのインプット・アウトプット分析　（単位：個）

種類	納品数			合計販売数			廃棄登録数		
	鮭	ツナ	明太子	鮭	ツナ	明太子	鮭	ツナ	明太子
7日間合計	127	107	111	112	99	90	12	8	21
3種合計	345			301			41		

出所：日本能率協会コンサルティング［2010］p.32を一部修正。

図表5.2.2　コンビニエンスストアのMFCAバランスシート

種類	材料単価（千円/個）	インプット			アウトプット					
		納品			販売商品			廃棄商品		
		物量（個）	コスト（千円）	コスト合計（23.868）に占める割合（%）	物量（個）	コスト（千円）	コスト合計（23.868）に占める割合（%）	物量（個）	コスト（千円）	コスト合計（23.868）に占める割合（%）
鮭	0.065	127	8.255	34.6	115	7.475	31.3	12	0.78	3.3
ツナ	0.065	107	6.955	29.1	99	6.435	27.0	8	0.52	2.2
明太子	0.078	111	8.658	36.3	90	7.02	29.4	21	1.638	6.9
計		345	23.868	100.0	304	20.93	87.7	41	2.938	12.3

出所：日本能率協会コンサルティング［2010］p.33を一部抜粋・修正。

に，静脈産業における財とは，動脈産業における財と比べると，グッズまたはバッズと言う財の性質が変化する傾向が強いと言える。そのため，静脈産業におけるMFCAにおいて「正の製品」と「負の製品」を定義する際には，市場の需給バランスによる変化を考慮することが求められる。

つまり，本事例と同様に，静脈産業におけるMFCAでは，生産された製品が，市場において売れれば「正の製品」として，また，市場において売れなければ「負の製品」として定義することが考えられる。

2.2 マテリアルリサイクル事業におけるMFCA導入事例

次は，市場から回収された使用済み製品から，鉄・非鉄・プラスチック等の資源を回収すると言う，マテリアルリサイクル事業における事例である[3]。

図表5.2.3に示すように，この事例では，まず，工程に投入された使用済みの製品は「破砕」処理が行われる。この破砕処理とは，製品を粉砕することで資源を回収し易くする処理のことである。

そして，破砕処理された製品のうち金属部分とプラスチック部分とに分別が行われ，さらに金属部分は選別されて，鉄・銅・アルミが回収されるとと

図表5.2.3　マテリアルリサイクル事業の工程フローモデル

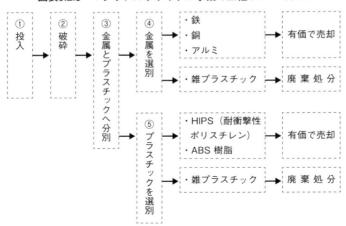

出所：安城［2007a］p.80。

もに，プラスチック部分も HIPS（High Impact Polystyrene：耐衝撃性ポリスチレン）と ABS 樹脂とに選別される。

最終的に，回収された金属とプラスチックは，資源として有価（価格がついて）売却がされる。なお，選別がうまくできずに資源に混入したものは，雑プラスチックとして廃棄処分がされる。

本事例では，製品の組成から，あらかじめ，1台の重量から回収されるべき資源の種類（鉄・銅等）と重量が把握されており，「回収されるべき重量」と「実際に回収された重量」の差額から，「回収されなかったロス」が計算される。

図表5.2.4に示すように，各品目について「回収されるべき重量」が「投入16トン」の欄であり，「実際に回収された重量」が「回収」の欄である。また，回収された重量の回収率が「回収率（%）」の欄であり，「回収されなかったロス」に市場価格を乗じた金額が「ロス金額」の欄である。

たとえば，品目が「鉄」では，投入された使用済み製品の16トンからは

図表5.2.4　マテリアルリサイクル事業の MFCA 結果例（架空数値）

品　目	市場価格 (円／kg)	投入16トン		回　収		回収率（%）		ロス金額
		重量 (kg)	金額 (円)	重量 (kg)	金額 (円)	重量ベース	金額ベース	
鉄	2	6,000	12,000	5,000	10,000	83	83	2,000
銅	60	50	3,000	20	1,200	40	40	1,800
アルミ	130	900	117,000	600	78,000	67	67	39,000
HIPS	240	5,500	1,320,000	2,400	576,000	44	44	744,000
ABS	120	500	60,000	360	43,200	72	72	16,800
計		12,950	1,512,000	8,380	708,400	65	47	803,600
雑プラ	-14	3,050	-42,700	7,620	-106,680	250	250	63,980
総　計		16,000	1,469,300	16,000	601,720	52*	41	867,580

注：*で示してある52%は全投入量16トンに対する有価物の重量8,380kgの割合である。また，雑プラは処分費用が14円／kgのため「市場価格」の欄に「−14」としてある。HIPSとは耐衝撃性ポリスチレン（High Impact Polystyrene）であり，ABSとはアクリロニトリル（Acrylonitrile），ブタジエン（Butadiene），スチレン（Styrene）共重合合成樹脂の総称である。
出所：安城［2007］p.80。

6,000kgが回収されるべき重量であり，6,000kgに市場価格2円を乗じた金額が「投入16トン」の欄における「金額（円）」の欄の12,000円である。実際に回収された量は5,000kgであり，5,000kgに市場価格2円を乗じた金額が「回収」の欄における「金額（円）」の欄の10,000円である。そして，鉄の回収率が重量ベースでは83％（5,000kg÷6,000kg×100）であり，金額ベースでも83％となる。最後的に回収がされなかった重量1,000kgに，市場価格2円を乗じた金額が，「ロス金額」の欄の2,000円である。

この結果から本事例では，回収率がHIPSにおいて低いことが判明し，「③金属とプラスチックへ分別」工程における分別精度を改善すべきとされる。

本事例では，資源が売却される時の価格である「市場価格」を使用して，マテリアルの金額情報を把握している。この点は，静脈産業におけるMFCAを作成する際に参考となる点である。

静脈産業では，仕入価格が付く場合もあるが，資源市況の変化によって，仕入価格がゼロまたはマイナスになる場合がある。仕入価格がマイナスとは「逆有償」と呼ばれる取引形態であり，処分料金を最終ユーザーから受け取って原材料を仕入れる場合を言う。仕入価格がゼロまたはマイナスの場合にはマテリアルの金額情報を把握することは難しいが，本事例のように「市場価格」によって金額情報とすることも可能と言うことである。

3 導入事例企業における配分・配賦基準の多様性についての考察

MFCAでは，以下で述べるように，原材料費であるマテリアルコストと加工費であるシステムコスト・エネルギーコストの正の製品と負の製品への配分・配賦は，正の製品と負の製品の重量比に従って行わる。

しかし，MFCAの実際の事例においては，その配分・配賦方法は各社で独自に行われる場合も見られる。以下では，MFCAにおける配分・配賦方法の多様性を，導入事例から検討していこう。

3.1 MFCA における基本的な計算方法

　MFCA において「正の製品」と「負の製品」を把握する際に難しい点とは，原材料費であるマテリアルコストの「正の製品」と「負の製品」への配分と，加工費であるシステムコスト・エネルギーコストの「正の製品」と「負の製品」への配賦を，どのように行うかと言うことである[4]。

　図表5.3.1に示すように，これまでの例と同様の例で確認をしよう。たとえば，原材料費1,000円及び加工費600円によって，製品1個をアウトプットする生産プロセスを想定したとする。またそこでの原材料の投入高は100kgで，最終製品は80kgであるとする。MFCA においては，原材料費の1,000円は製品と廃棄物の重量比に従って配分されるのであり，重量が80kgである製品つまり「正の製品」へは，1,000円×80kg÷100kgの計算式によって，800円が配分される。そして，重量が20kgである廃棄物つまり「負の製品」へは，1,000円×20kg÷100kgの計算式によって，200円が配分される。

　また，加工費600円の製品と廃棄物への配賦方法としては，時間等の配賦基準が考えられるが，MFCA においては，原材料の重量比を基準として，配賦がされる。重量が80kgである「正の製品」へは，600円×80kg÷100kgの計算式によって，480円が配賦される。重量が20kgである「負の製品」へは，600円×20kg÷100kgの計算式によって，120円が配賦される[5]。

　つまり MFCA では，原材料費であるマテリアルコストは，基本的に，原材料の重量比によって，「正の製品」と「負の製品」とへ配分がされるので

図表5.3.1　MFCA の計算構造

出所：Jasch［2009］p.118．國部編著［2008］p. 7．

あり，加工費であるシステムコストとエネルギーコストについても同様に，原材料の重量比によって，「正の製品」と「負の製品」へ配賦がされるのである。

しかし，実際の製造現場においては，原材料の性質や生産の方法が多様なために，マテリアルコスト（原材料費）を，原材料の重量比によって，正の製品と負の製品へ配分を行うこと，システムコストとエネルギーコスト（加工費）も同様に，原材料の重量比によって，正の製品と負の製品へ配賦を行うことは難しいように思われる。

そこで，MFCA導入企業を対象として，そこでのMFCAの計算構造を分析することによって，重量比によらない方法を検討してみたい。

具体的には，次の2点について，MFCAの導入企業における計算構造を分析する。1つは，マテリアルコストについて，正の製品と負の製品への配分方法を分析するとともに，もう1つは，システムコストとエネルギーコストについて，正の製品と負の製品への配賦方法を分析する。

なお，マテリアルコスト，システムコスト，エネルギーコスト，廃棄物の配送または処理コストのうち，廃棄物の配送または処理コストについては，MFCAでは正の製品へは配賦されずに負の製品とされるため，廃棄物の配送または処理コストの配賦方法については考察外とする。

3.2 事例企業に見るコストの配分・配賦方法

以下では，國部編著[2008]における11社の事例報告を対象として分析を行う。各社のMFCAの計算構造を分析することによって，マテリアルコストの正の製品と負の製品への配分が，原則通りの原材料の重量比であるのか，または独自の方法であるのかについて分析を行いたい。

同様に，システムコストとエネルギーコストについても，正の製品と負の製品への配賦が，原則通りの原材料の重量比であるのか，または独自の方法であるのかについて分析を行いたい。

対象企業を分析した結果については，各企業の配分・配賦の一覧表を作成するが，一覧表は以下の基準によって作成していく。図表5.3.2に示すように，MFCAを導入している企業が，マテリアルコスト（MCと略称する）

図表5.3.2　各社の MFCA

	企　業　名	MC の配分方法	SC・EC の配賦方法
1	キ　ヤ　ノ　ン	原　　　則	原　　　則
2	田 辺 三 菱 製 薬	原　　　則	独自（SC のうち設備費）
3	積 水 化 学 工 業	原　　　則	原　　　則
4	日　東　電　工	原　　　則	原　　　則
5	ジェイティシイエムケイ	不　　　明	不　　　明
6	島 津 製 作 所	不　　　明	不　　　明
7	サ　ン　デ　ン	原　　　則	不　　　明
8	日 立 製 作 所	原　　　則	原　　　則
9	塩 野 義 製 薬	独自（原材料購入価格）	不　　　明
10	日 本 ペ イ ン ト	原　　　則	独　自（EC）
11	ウ シ オ 電 機	原　　　則	原　　　則

出所：國部編著［2008］より筆者作成。

を，原則通りに原材料の重量比によって，正の製品と負の製品とに配分を行っている場合には，「MC の配分方法」の欄を「原則」とする。

システムコスト（SC と略称する）とエネルギーコスト（EC と略称する）についても，原則通りの原材料の重量比によって，正の製品と負の製品に配賦している場合には，「SC・EC の配賦方法」の欄を「原則」とする。

しかし，マテリアルコスト，システムコスト・エネルギーコストにおいて，独自の配分・配賦方法を採用している場合には「独自」とする。たとえば，システムコストのみが独自の配賦方法である場合には，「独自（SC）」と記入する。なお，事例報告からは把握を行うことが困難な場合には「不明」とする。

各企業における配分方法と配賦方法を調べた結果が，図表5.3.2である。マテリアルコストに関しては，11社のうち8社は，正の製品と負の製品への配分が，原則通りの原材料の重量比による配分方法であり，11社のうち1社は，正の製品と負の製品への配分が，独自であり，そして11社のうち2社は不明である。

図表5.3.2の9番目である塩野義製薬では，化学反応を伴う医薬品製造プロ

セスにおいてMFCAを試行し，マテリアルコストについては，独自の方法である「原材料購入価格」によって，配分を行っている。

　図表5.3.2の5番目であるジェイティシイエムケイでは，プリント配線基板の製造工程においてMFCAが試行されるが，資料からは配分・配賦方法を把握することが困難であるため，図表5.3.2において不明としている。

　同様に，図表5.3.2の6番目である島津製作所では，無電解ニッケルめっきラインにおいてMFCAが試行されるが，間接費の配賦基準に関する「ISO14001の環境影響評価の指標と活動基準原価の手法を応用した環境コスト認識法」（國部編著[2008]p.158）と言う文章からは，マテリアルコストの配分方法とシステムコストとエネルギーコストの配賦方法を把握することが困難であるため，図表5.3.2において不明としている。

　システムコストとエネルギーコストに関しては，11社のうち5社は，正の製品と負の製品への配賦が，原則通りの原材料の重量比による配賦方法であり，11社のうち2社は，正の製品と負の製品の配賦が独自であり，そして11社のうち4社は不明である。

　図表5.3.2の2番目である田辺三菱製薬では，医薬品の製造ラインにおいてMFCAを試行し，労務費，設備費およびそのほかのシステムコストからなるシステムコストのうち，設備費については独自の方法である「機械稼働時間」によって配賦を行っている。

　また，図表5.3.2の10番目である日本ペイントでは，水性塗料製造ラインにおいてMFCAを試行し，エネルギーコストについては，独自の方法である「力率」によって，配賦を行っている。

　図表5.3.2の5番目であるジェイティシイエムケイと，6番目である島津製作所については，上述したように，把握が困難であるため，システムコストとエネルギーコストに関しても不明とする。また，図表5.3.2の7番目であるサンデンでは，金属部品加工工場においてMFCAを試行しているが，エネルギーコストとシステムコストについては，配賦方法を把握することが困難であるため不明としている。

　そして，図表5.3.2の9番目である塩野義製薬においても，資料からは配賦方法を把握することが困難であるため不明としている。

3.3 事例企業における配分・配賦方法の具体的検討

原則ではなく,独自の方法による企業の配分・配賦方法とは,どのような方法であるのか,もう少し詳しく述べることとする。

まず,塩野義製薬においては,マテリアルコストに関して独自の方法を採用している。同社が独自の方法を用いる理由は,同社において投入される製品が化学反応を伴う物質だからである。

図表5.3.3に示すように,同社は,サプライヤーより,化学反応を伴う原材料Aを購入し,自社の製造工程へ投入している。しかし,原材料Aのように,主原材料が単独では勝手に化学反応を起こす可能性がある物質の場合には,化学反応を起こさないための保護基が結合されて,塩野義製薬へ納品がされる。そのために,原材料Aの保護基は,塩野義製薬の生産プロセスにおいては廃棄されて,負の製品となる。

そこで,マテリアルコストの正の製品と負の製品への配分を,仮に,原則通りとした場合には,正の製品は90万円(100万円×90kg÷100kg)となり,負の製品は10万円(100万円×10kg÷100kg)となる。

しかし,塩野義製薬では,サプライヤーから,原材料Aの構成要素の金額情報の提供を受けることによって,正の製品は主原材料のみの金額である99万円,負の製品は保護基のみの金額である1万円として,配分を行う。

つまり,この事例では,マテリアルコストを,原則通りに,原材料の重量比によって,正の製品と負の製品とに配分する方法ではなく,主原材料の購入価格によって,正の製品と負の製品の金額とすることも可能であることを

図表5.3.3 塩野義製薬における原材料購入価格による配分

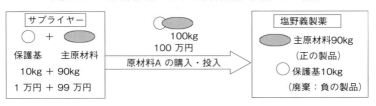

出所:國部編著[2008] p.190。

示すものである。

次に，田辺三菱製薬では，マテリアルコストを，原材料の重量比によって，正の製品と負の製品へ配分をしているが，システムコストのうち機械装置の減価償却費と修繕費からなる「設備費」に関しては，「物量センター別設備費×〔1－（機械時間／24時間×365日）〕」の計算式によって，正の製品と負の製品へ配賦を行い，機械が稼働していない時間を計算して，この時間を，設備費のうちの負の製品としている。

同社によれば，この方法は，ロスを原材料の重量比によって把握するよりも，機械稼働時間によって把握した方が，より適正なロスが把握されるとの考えによる。

そして，日本ペイントでは，マテリアルコストを，原材料の重量比によって，正の製品と負の製品へ配分をしているが，エネルギーコストについては，原材料の重量比ではなく，独自の配賦方法によって，正の製品と負の製品へ，配賦を行っている。

その方法とは，機械設備に投入された電力のうち，電力設備の機能に有効に使用された電力（有効電力と言う）を示す「力率」を用いる方法であり，力率によって，計算された電力ロス量を負の製品とする方法である。

$$力率（\%）= \frac{有効電力（W）}{電圧（V）×電流（A）} \times 100$$

力率とは，上記の計算式によって求められ，機械設備ごとに算出される。「力率」が100％の場合には電力ロスが全くないと言うことになる。電力ロス率（％）とは「100－力率（％）」の計算式によって求められ，この電力ロス率に，当該機械設備の電力量を乗じて，ロスされた電力量，つまり電力ロス量が算出されるのである。

以上のように，動脈産業への導入事例分析において，マテリアルコストに関しては，11社のうち8社は，正の製品と負の製品への配分が，原則通りの原材料の重量比による配分方法であり，11社のうち1社（塩野義製薬）では，正の製品と負の製品への配分は独自の方法（原材料購入価格）である。

システムコストとエネルギーコストに関しては，11社のうち5社は，正の製品と負の製品への配賦が，原則通りの，原材料の重量比による配賦方法で

あり，11社のうち2社は，正の製品と負の製品の配賦が独自である。田辺三菱製薬では，システムコストのうち設備費については，独自の方法である「機械稼働時間」によって配賦を行い，日本ペイントでは，エネルギーコストについては，独自の方法である「力率」によって，配賦を行う。

つまり，マテリアルの重量によって，システムコストとエネルギーコストを正の製品と負の製品に配賦すると言う原則によらなくてもよいと言うことであり，各社の生産プロセスや生産される製品の特徴によって，配賦基準を設定することは可能であると考えられる。

4 小括

本章におけるこれまでの導入事例から明らかになったことは，MFCAとは，製造業だけではなく他の業種においても導入が可能であると言う点である。

コンビニエンスストアの事例は，流通販売サービス業においてMFCAが適用可能であることを示す事例である。この事例において，店舗を1つの物量センターとする点は非常に新鮮な考え方であり，売れた製品を正の製品として，売れなかった製品を負の製品とする考え方は，静脈産業へのMFCAを構築する際に参考となる点である。

また，マテリアルリサイクル事業における事例は，投入された原材料の仕入価格が無い場合には，「市場価格」によって金額情報を把握する。仕入価格が無いケースは，原材料をゼロまたは処理費用を受け取って仕入れてくる静脈産業に当てはまることであり，本事例のように「市場価格」によることは，静脈産業へのMFCAに参考とすることができる考え方である。

さらに，配分・配賦基準の事例から明らかになったことは，MFCAにおける正の製品と負の製品へのマテリアルコスト・システムコスト・エネルギーコストの配分・配賦方法は，必ずしも原材料の重量比によらなくてよいと言う点である。

たとえば，塩野義製薬におけるMFCAのように，サプライヤーまで遡って把握された金額情報である「原材料購入価格」によって，正の製品と負の

製品のマテリアルコストを把握する方法,田辺三菱製薬における「機械稼働時間」による正の製品と負の製品へのシステムコストの配賦方法,および日本ペイントにおける「力率」による正の製品と負の製品へのエネルギーコストの配賦方法は,企業の実態を適切に反映するのであれば,原材料の重量比と原材料の金額以外の配分・配賦基準を設定することが可能と言うことである。

このように,本章における導入事例は,静脈産業における試案のMFCAの構築への参考となるものである。次章以降では,環境面と経済面の両立の可能性に向けて,静脈産業へのMFCAの積極的な適用を行うために,試案のMFCAについて見ていきたい。

次章の第6章では,A社の「部品取り工程」を対象とし,A社の現状を把握することを目的とした試案のMFCAを用いて,生産プロセスの課題を検討する。

次いで第7章では,H社の「マテリアル回収工程」を対象とし,資源の有効利用の方法を提案することを目的とした試案のMFCAについて述べる。

そして,第6章と第7章ではA社とH社と言う1つの企業の1つの工程を対象とするのに対して,第8章では,使用済自動車の再資源化に関与するサプライチェーンを通じた「マテリアル回収工程」を対象とし,資源の有効利用の方法を提案することを目的とした試案のMFCAについて述べることとする。

(注)
1　平成21年度の導入実証事業では,各地域のMFCA普及拠点として公募によって採択された団体(企業等)に対して導入実証事業が行われた。具体的には,MFCAの導入ステップのうち,次ページの図表「1 事前準備」から「5 改善計画の立案」のステップ(網掛けを参照)について合計5日間のコンサルティングを行っている。また,本事業は,MFCAの指導者育成を目的としたインターンシップ事業も兼ねており,公募によって採択された団体からもインターンが参加し,MFCA導入実務(MFCAの導入手順と考え方,MFCAのデータ収集,整理方法,計算方法)についてMFCA導入アドバイザーから教育を受け,自社へのMFCAの導入について検討を行っている。なお,インターンはMFCA事前研修を受講するとともに,事業委員会での報告と,実証事業報告書の作成を行っている。日本能率協会コンサルティング[2010]p.14。

基本ステップ		検討，作業項目
1	事前準備	・対象の製品，ライン，工程範囲を決定 ・対象工程のラフ分析，物量センター（MFCA 計算上の工程）決定 ・分析対象の品種，期間を決定 ・分析対象の材料と，その物量データの収集方法（測定，計算）を決定
2	データ収集，整理	・工程別の投入材料の種類，投入物量と廃棄物量のデータ収集，整理 ・システムコスト（加工費）・エネルギーコストのデータ収集，整理 ・システムコスト・エネルギーコストの按分ルール決定 ・工程別の稼働状況データの収集，整理（オプション）
3	MFCA 計算	・MFCA 計算モデルの構築，各種データの入力 ・MFCA 計算結果の確認，解析（工程別の負の製品コストとその要因）
4	改善課題の抽出	・材料ロス削減，コストダウンの改善課題抽出，整理
5	改善計画の立案	・材料ロスの削減余地，可能性検討 ・材料ロス削減のコストダウン寄与度計算（MFCA 計算），評価 ・改善の優先順位決定，改善計画立案
6	改善の実施	・改善実施
7	改善効果の評価	・改善後の材料投入物量，廃棄物量調査，MFCA の再計算 ・改善後の総コスト，負の製品コストを計算，改善効果の評価

出所：日本能率協会コンサルティング［2010］p.14。

2　経済産業省［2010］pp.48・49。
3　安城［2007a］における事例である。
4　國部編著［2008］ではコストを次の 4 つに分類する。主材料費および補助材料からなるマテリアルコスト，労務費・減価償却費などの加工費からなるシステムコスト，電力費・燃料費などからなるエネルギーコスト，廃棄物の処理費用からなる廃棄物処理コストである。國部編著［2008］p.20を参照。Jasch［2009］においても製品（products）を「正の製品（positive products）」，廃棄物（waste）・排出（emissions）を「負の製品（negative products）」というものであり，物量センターという生産プロセスにおいて廃棄物が生じるポイントを設定することによって各物量センターにおけるすべての投入物のインプットとアウトプットを把握するものである。そして Jasch［2009］ではコストが 3 つに分類される。投入された原材料からなるマテリアルコスト（Material Costs），労務費や減価償却費等の加工費からなるシステムコスト（System Costs），および廃棄物の配送または処理コスト（Delivery or Disposal Costs）の 3 つからなるものである。各物量センターにおいてはマテリアルコスト・システムコスト・廃棄物の配送または処理コストを次の工程に行くものである「正の製品」および廃棄されるものである「負の製品」として把握を行うものである。
5　國部編著［2008］p. 5 。

第6章

自動車解体業A社の部品取り工程における,現状把握型のMFCA

1 はじめに

　第3章において述べたように,環境面と経済面の両立の可能性に向けて,静脈産業へのMFCAの積極的な適用を行う必要がある。そこで,静脈産業へMFCAを適用する際には,財の性質を踏まえて,MFCAの試論的適用をすべきと考える。静脈産業における財とは,動脈産業の財と比べると,グッズまたはバッズと言う財の性質が変化する傾向が強い。したがって,静脈産業におけるMFCAにおいて「正の製品」と「負の製品」を定義する際には,市場の需給バランスによる変化を考慮することが求められる。

　また,前章において明らかにしたように,MFCAでは,原材料費であるマテリアルコストは,原則として,原材料の重量比によって,「正の製品」と「負の製品」への配分がされ,加工費であるシステムコストとエネルギーコストについても,原材料の重量比によって「正の製品」と「負の製品」への配賦がされる。しかし,実際の製造現場においては,原則通りの重量比による正の製品と負の製品へ配分・配賦ではなく,原材料の性質や生産の方法の多様性によって,その企業独自の方法が採用されている。

　導入事例を参考にすると,MFCAは,製造業のみならず流通販売サービス業といった他の業種においても適用可能であり,配分・配賦方法も企業独自で考えられた方法が採用されているのである。たとえば,コンビニエンスストアでは,売れた商品を「正の製品」として廃棄された商品を「負の製品」とする配分方法が採用され,商品(原材料)の重量比ではなく個数比によって配分が行われている。また,マテリアルリサイクル事業では,仕入原

価が存在しないためにマテリアルコストの把握には市場価格を用いる方法が使われており，これらの方法は自動車解体業におけるマテリアルコストを把握する際に参考となる方法であると考えられる。

　本章では，これまでの事例を参考にしつつ，自動車解体業Ａ社の「部品取り工程」を対象として，Ａ社の現状を把握することを目的とした試案MFCAの作成を試みる。そして，静脈産業である自動車解体業Ａ社が，環境への負荷を与える可能性がある廃棄物の削減に貢献していることを，データとして証明できればと考えている。

2 自動車解体業Ａ社におけるMFCAの定義

2.1 MFCAの適用範囲

　Ａ社とは，部品の生産すなわち「部品取り」を主とする「製品生産システム」採用の企業である[1]。創業が1982年であり，資本金は300万円，年商は約３億円（2009年度）の企業である。Ａ社の従業員数は18名（2010年８月時点）であり，Ａ社の事業内容は，使用済自動車の買い取り・解体，自動車中古部品のリサイクル販売，Ａ社の主要取引先は，個人，全国ボディショップおよび解体事業者である[2]。そして，Ａ社におけるMFCAの調査対象の期間は，2008年７月１日から2009年６月30日の１年である。

図表6.2.1　生産プロセスの流れと本MFCAの適用範囲

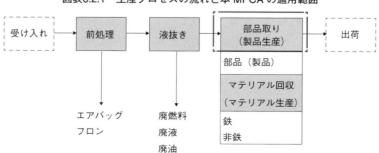

出所：筆者作成。

第4章において述べたように，自動車解体業では，業務部門の生産業務が生産プロセスに該当しており，生産プロセスでは，工程が「前処理」「液抜き」「部品取り」「マテリアル回収」の4つとなる（**図表6.2.1**を参照）。このうち「部品取り」と「マテリアル回収」は，並行して行われる工程であるため，図表6.2.1においては上下に示している。

これらの工程のうち，本書では，MFCA適用範囲を，「部品取り」と「マテリアル回収」のうち，部品の生産を行う「部品取り」の工程とし，鉄・非鉄の生産を行う「マテリアル回収」の工程は範囲外とする（**図表6.2.1**の破線を参照）。

と言うのは，「部品取り」工程に関しては，A社において生産管理システムが存在し，部品取りに関するデータが蓄積されているためである。しかし，「マテリアル回収」の工程に関しては，データベースが整備されておらず，データの収集が困難と思われるため，今回は対象外とする。

2.2 課題と定義

A社の試案MFCAを作成するにあたり，いくつか検討すべきことがある。

まず「正の製品」と「負の製品」の定義である。上述したように，本書では，A社の生産プロセスのうち，「部品取り」工程を対象とするが，部品取り工程では廃棄物が発生しないため（**図表6.2.1**を参照），「正の製品」と「負の製品」の定義が問題となる。

次に「重量比」についてである。MFCAでは，原則として，重量比によって，正の製品と負の製品に配分されるが，自動車解体業では，インプットされる原材料は使用済自動車であり，それが解体されて，部品が生産されるために，仮に，1台の使用済自動車から180個の部品が生産される場合には，正の製品と負の製品への配分をどのように行うかが問題となる。重量比によって行うためには，大小180個の部品のすべての重量を，全車種ごとに，計測を行わねばならないが，それは現実的ではないことから，重量比によらない配分方法を検討する必要がある。

さらに「原材料費」についてである。自動車解体業では，使用済自動車を価格ゼロ，または最終所有者から処理費用を受け取って，仕入を行う場合

（逆有償と言う）があり，原材料費の金額をどのように設定するかが問題である。

そして「加工費」の範囲と配賦方法も問題となる。自動車解体業では，部品の生産に掛かる人件費が加工費に該当すると思われるが，加工費の範囲と配賦方法はA社の実態に即したものとする。

では，これらの問題についてMFCAの導入事例をもとに，検討してみたい。

参考になるのは，前章の導入事例におけるコンビニエンスストアでの，「売れた商品」を「正の製品」とし，「廃棄された商品」を「負の製品」とする配分方法や，マテリアルリサイクル事業での，仕入原価が存在しないことから「市場価格」を用いる方法である。

自動車解体業でも，「部品取り」によって生産された部品は，販売されれば製品となり，売れ残れば廃棄品となる。そこでは，重量よりも，売れた点数，売れ残った点数が問題となる。第3章で指摘したように，静脈産業における財は，動脈産業における財と比べると，グッズまたはバッズと言う財の性質が変化する傾向が強いため，静脈産業におけるMFCAで「正の製品」と「負の製品」を定義する際には，市場の需給バランスによる変化を考慮すること，つまり，売れたのか・売れ残ったのかを考慮することが求められるであろう。

よって，自動車解体業の「正の製品」と「負の製品」については，期間内に売れたものを「正の製品」とし，最終的に販売されずに，期間内に廃棄処分されたものを「負の製品」とする。つまり，生産プロセスから発生する廃棄物・排出物を「負の製品」とする原則的な方法によらないことにする。

そして，「正の製品」と「負の製品」への配分方法は，原材料の「重量比」ではなく，部品の「点数」によって行うものとし，生産プロセスへインプットまたはアウトプットされる原材料の金額である「原材料費」については，導入事例を参考にして，部品の「市場価格」を用いる。

また，「加工費」の範囲と配賦方法であるが，本書では，加工費を部品の取り外しに掛かる「工賃」とし，「正の製品」と「負の製品」の部品すべてについて，工賃を把握するものとする。

つまり，図表6.2.2に示すように，A社のMFCAでは，「販売品」「期末在庫品」「返品」「仕掛品」を正の製品とし，「廃棄品」を負の製品とする。そして，正の製品と負の製品を，「点数」「市場価格」「工賃」を使って，把握する。

図表6.2.2について説明をしていこう。

まず，部品の「点数」は，A社の在庫管理システムによって把握されている。このうち，インプットの「点数」とは，生産するように生産指示がされた部品の点数である「生産指示部品」の点数であり，アウトプットの「点数」とは，「正の製品」の「販売品」「期末在庫品」「返品」「仕掛品」の点数と，「負の製品」の「廃棄品」の点数を言う（図表6.2.2の太文字を参照）。

また，A社の既存の在庫管理システムでは，生産された部品は，いったん，「在庫品」として登録され，それが販売された場合には「販売品」へ，廃棄された場合には「廃棄品」として登録が変更される。返品された部品の場合は，「販売品」から「返品」へ登録が変更され，期間内または翌期間以降に「在庫品」として登録が変更される。つまり，アウトプットの明細のうち「返品」については，期間内の返品件数とは一致しないことを注意されたい（図表6.2.3を参照）。

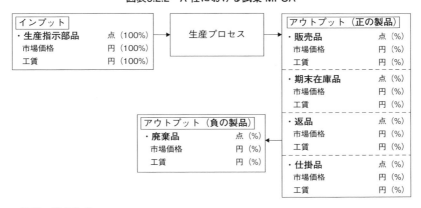

図表6.2.2　A社における試案MFCA

出所：筆者作成。

図表6.2.3 インプットとアウトプットの説明

インプット		生産指示部品	期間 t に生産するように指示された部品を言う。
アウトプット	正の製品	販売品	期間 t に在庫品として登録された後に，期間 t に販売されて，期間 t の販売品として登録されている部品を言う。
		期末在庫品	期間 t に在庫品として登録され，期間 t の期末時点に A 社の在庫である部品を言う。
		返品	期間 t に在庫品として登録された後に，期間 t に販売されて期間 t の販売品として登録され，さらに，期間 t に販売先から返品されて販売品から返品に登録し直された部品であり，期間 t の期在庫品として登録されていない部品を言う。なお翌期間 t+1 以降には在庫品として登録される。
		仕掛品	期間 t の期末時点に仕掛中の部品であり，期間 t の仕掛品として登録されている部品を言う。
	負の製品	廃棄品	期間 t に在庫品として登録された後に，期間 t に廃棄されて，期間 t の廃棄品として登録されている部品を言う。

出所：筆者作成。

なお，前掲の図表6.2.2では，インプットに対するアウトプット（正の製品・負の製品）の割合を把握しやすいように，インプットである「生産指示部品」「市場価格」「工賃」の割合を100%とし，アウトプットされる販売品の場合には，「販売品」「市場価格」「工賃」の横の括弧内に，インプットに占める割合を示すこととする。

3 自動車解体業 A 社における試案 MFCA

3.1 アウトプットに関連した A 社での判断

アウトプットの各項目に関連する点としては，商品返品時の引取費用，廃棄品の廃棄費用，および在庫商品を保管する倉庫料などが考えられるが，問題はこれらの費用を製品に加えるかどうかである。

本書では，それらを関連する費用として考慮をしないものとする。と言う

のも，A社では，商品返品時の引取費用をA社と取引先のどちらが負担するかはその時々の判断によって異なる点，および返品は年間30件ほどと（A社の経営者の感覚では）少ない点から，製品の付随費用として考慮していない。また，A社では，廃棄品の廃棄費用はゼロ円であるため，考慮をしないこととしている。

さらに，倉庫料については，A社が負担する固定資産税約10万円（月当たり）および家賃104万円（月当たり）を，製品の収容可能点数17,000点で割ることにより，1点当たり約67円の倉庫料を計算できなくはない。しかし，製品は，バンパーからパワーウィンドウのパネルスイッチまであり，保管に占める大きさは大小様々であるため，たとえば，販売品100点に，倉庫料として6,700円（100点×@67円）を按分することが妥当かどうかの判断は難しい。よって，本書では，倉庫料についても考慮しないこととする。

3.2 インプットおよびアウトプットデータの収集方法

まず，インプットおよびアウトプットされる部品の「点数」の把握には，A社の既存の在庫管理システムを利用する。

このシステムによれば，2008年7月1日から2009年6月30日の1年間に入庫した廃車から生産された部品について，2009年6月30日時点での，販売品・期末在庫品・返品・仕掛品・仕掛品の状態を把握できる。

次に「市場価格」には，販売部門の担当者による「値段付け」の価格を用いる。A社の販売部門担当者は，生産検討資料から生産の検討を行い，生産担当者へ取り外す部品を指示する。この生産指示の際の生産検討資料には，市場での最小単価，最大単価，および最多単価が表示されるため，販売部門の担当者は，これらを一部参考にするとともに，部品の状態を勘案することによって，「値段付け」を行うのである。

そこで，「市場価格」として，販売部門担当者が行っている「値段付け」の価格を使うものとする。

さらに，「工賃」の把握には，「作業指数×レーバーレート」の計算式を用いるものとする。

計算式における「作業指数」とは，部品を取り外す作業時間を示す数字で

図表6.3.1　アイテムごとの月間人件費

アイテム	粗目標数値 （単位：円）	アイテムごとの人件費 （単位：円）
１．自社生産商品	4,300,000	1,981,500
２．単品仕入商品	100,000	46,081
３．補修商品	400,000	184,326
４．直送商品	1,000,000	460,814
５．車輌他商品	900,000	414,733
６．輸出商品	1,000,000	460,814
７．鉄	900,000	414,733
合　　計	8,600,000	3,963,001

注：アイテムごとの人件費の合計金額3,963,001円と全従業員（18人）の月間人件費3,963,000円とは一致しない。
出所：Ａ社提供資料から筆者作成。

あり，作業指数は車種と部品種によって異なる。全車種の全部品種について，作業指数を計測することは困難であるため，対象車種を平均使用年数の乗用車とする。平均使用年数は12.7年[3]であることから，約13・14年落ちの乗用車である「トヨタ　1991.6-1995.5　E10#系　４ドアセダン　カローラ」を対象車種と仮定し，当該車種から部品を取り外す作業を行うと言う仮定のもとに，Ａ社の生産担当者から，Ａ社において生産された180種の部品の作業指数について，聞き取り調査を行うものとする。

　次に「レーバーレート」とは，時間当たりの人件費を示すものであり，Ａ社のデータにもとづき，以下のように算出する。

　Ａ社では，「アイテム」として，図表6.3.1にあるように，自社生産商品，単品仕入商品，補修商品，直送商品，車輌他商品，輸出商品，そして鉄からなる７つの商品を設定し，各商品の粗利益の目標数値（図表6.3.1の「粗目標数値」）を４半期ごとに掲げている。

　そこで，全従業員（18人）の月間人件費3,963,000円を「粗目標数値」を基準として，７つのアイテムへ配賦し，「アイテムごとの人件費」を確定する（図表6.3.1を参照）。

　次に，「アイテムごとの人件費」のうち「１．自社生産部品」の人件費

図表6.3.2　自社生産商品に掛かる各部門の月間人件費

部　門	人件費比率	自社生産商品の各部門の人件費（単位：円）
販　売	30.83%	610,896
仕　入	16.75%	331,901
生　産	28.28%	560,368
倉　庫	24.16%	478,730
合　計	100.00%	1,981,895

注：各部門の人件費比率は実績をもとにA社にて決定された比率である。人件費比率の合計は少数第2位を切り捨てている。自社生産商品の各部門の人件費の合計金額1,981,895円と図表6.3.1の「１.自社生産部品」の人件費1,981,500円は一致しない。

出所：A社提供資料から筆者作成。

1,981,500円を，販売，仕入，生産，倉庫からなる各部門の人件費比率を基準として，各部門へ配賦し，自社生産商品の各部門の人件費を確定する（図表6.3.2を参照）。

つまり，自社生産商品に掛かる「生産」部門の月間人件費，すなわち，本MFCAの適用範囲である「部品取り」工程に該当する月間人件費は560,368円となり（図表6.3.2を参照），年間では6,724,416円（560,368円×12ヶ月）となる。

そして，上述で計算した「部品取り」工程に該当する年間人件費の6,724,416円（560,368円×12ヶ月）から，「レーバーレート」を計算する。

年間人件費が6,724,416円，および年間労働時間が2,240時間（年間稼働日数280日×8時間）である。

したがって，A社の「部品取り」工程の「レーバーレート」は3,001円（6,724,414円÷2,240時間）となる。

これらのデータにもとづき，以下において，試案MFCAを作成するものである。

3.3 試案 MFCA の作成

収集したデータから作成された A 社の MFCA は，図表6.3.3になる。

また，図表6.3.4は図表6.3.3のデータのうち，アウトプットである正の製品と負の製品のデータを集計した表であり，正の製品については，その内訳で

図表6.3.3　自動車解体業 A 社の MFCA

```
┌─────────────────────────┐                        ┌─────────────────────────────────┐
│ インプット              │                        │ アウトプット（正の製品）        │
│ ・生産指示部品  6,268点 (100%) │ → 生産プロセス → │ ・販売品         2,576点 (41.1%)│
│   市場価格 52,965,200円 (100%) │                  │   市場価格 22,166,000円 (41.9%) │
│   工賃      3,506,308円 (100%) │                  │   工賃      1,476,462円 (42.1%) │
└─────────────────────────┘                        │ ・期末在庫品     3,119点 (49.8%)│
                                                   │   市場価格 25,843,700円 (48.8%) │
                                                   │   工賃      1,795,018円 (51.2%) │
              ┌─────────────────────────┐          │ ・返品             21点 ( 0.3%) │
              │ アウトプット（負の製品） │ ←──────── │   市場価格    127,500円 ( 0.2%) │
              │ ・廃棄品      348点 (5.6%) │          │   工賃          7,953円 ( 0.2%) │
              │   市場価格 2,322,000円 (4.4%) │       │ ・仕掛品          204点 ( 3.3%) │
              │   工賃      118,089円 (3.4%) │        │   市場価格  2,506,000円 ( 4.7%) │
              └─────────────────────────┘          │   工賃        108,786円 ( 3.1%) │
                                                   └─────────────────────────────────┘
```

出所：筆者作成。

図表6.3.4　点数・市場価格・工賃別のアウトプットデータ集計表

データ 各項目	正の製品	（正の製品の内訳）				負の製品 （廃棄品）	合　計
		販売品	期末在庫品	返　品	仕掛品		
点　数	5,920点	2,576点	3,119点	21点	204点	348点	6,268点
点数の割合	94.4%	41.1%	49.8%	0.3%	3.3%	5.6%	100.0%
市場価格	50,643,200円	22,166,000円	25,843,700円	127,500円	2,506,000円	2,322,000円	52,965,200円
市場価格の割合	95.6%	41.9%	48.8%	0.2%	4.7%	4.4%	100.0%
工　賃 （作業指数 ×レーバー レート）	3,388,219円	1,476,462円	1,795,018円	7,953円	108,786円	118,089円	3,506,308円
工賃の割合	96.6%	42.1%	51.2%	0.2%	3.1%	3.4%	100.0%

注：点数の割合＝点数÷点数合計，市場価格の割合＝市場価格÷市場価格合計，工賃の
　　割合＝工賃÷工賃合計
出所：筆者作成。

ある販売品，期末在庫品，返品，および仕掛品を示している。なお，負の製品とは廃棄品である。

前掲の図表6.3.3に示すように，MFCAの対象期間である2008年7月1日から2009年6月30日までに生産へ入庫した車輌台数996台から，生産するように生産指示がされた部品の点数である「生産指示部品」の点数は6,268点（180種類）である。

また，生産指示部品6,268点の市場価格は，6,268点の市場価格を集計した52,965,200円である。

そして，6,268点の工賃は，6,268点（180種）の部品すべての作業指数にレーバーレート（3,001円）を掛けて計算した3,506,308円である（図表6.3.3の「インプット」を参照）。

次に，対象期間の期末時点における「正の製品」についてである。

「販売品」の点数は2,576点，市場価格は22,166,000円，掛かる工賃は1,476,462円である。「期末在庫品」の点数は3,119点，市場価格は25,843,700円，工賃は1,795,018円であり，「返品」の点数は21点，市場価格は127,500円，工賃は7,953円であり，そして「仕掛品」の点数は204点，市場価格は2,506,000円，工賃は108,786円である（図表6.3.3の「アウトプット（正の製品）」を参照）。

さらに，期末時点における「負の製品」についてである。

「廃棄品」の点数は348点，市場価格は2,322,000円，工賃は118,089円である（図表6.3.3の「アウトプット（負の製品）」を参照）。

なお，図表6.3.3の括弧内のパーセンテージはインプットにおける「生産指示部品」，「市場価格」および「工賃」がアウトプットに占める割合を示しており，たとえばインプットにおける「生産指示部品」100％は，アウトプット（正の製品）における「販売品」41.1％，「期末在庫品」49.8％，「返品」0.3％，「仕掛品」3.3％，およびアウトプット（負の製品）における「廃棄品」5.6％となる。

3.4 試案MFCAの考察

では，A社において集計されたデータを見てみよう。

「正の製品」に対する「負の製品」の割合は，前掲の**図表6.3.4**のデータ集計表に示されるように，点数ベースで見ると，「正の製品」5,920点（94.4%），「負の製品」348点（5.6%）である。インプットに対する割合は，市場価格ベースにおいても近似値であり，「正の製品」50,643,200円（95.6%），「負の製品」2,322,000円（4.4%）である。

　試案MFCAデータの集計結果から，自動車解体業A社では，「部品取り」工程を経て，「正の製品」を94.4%生産し，「負の製品」を5.6%生産したことが，実証データによって明らかにされたことになる。つまり，静脈産業である自動車解体業A社が，環境への負荷を与える可能性がある廃棄物の削減に貢献していることがデータとして証明されたことになる。

　このように産業全体での産業全体の「負の製品」の削減に貢献しうることが明らかにされたのであるが，A社の生産プロセスが改善される可能性も考えてみたい。

　A社において「負の製品」の割合が点数ベースで348点（5.6%）であり，その値自体が高いのかどうかの評価は困難であるが，この数値を基準として，翌年度のデータとの比較することによって，どこを改善すればよいかの，参考になるであろう。

　また，見方を変えて，工賃ベースでは「負の製品」118,089円（3.4%）であり，A社の「部品取り」工程に掛かる年間人件費6,724,416円の，約1.7%（118,089円÷6,724,416円）が，売り上げにつながらなかったことになる。改善すべきと考えられることは，生産の時間を短縮して製造に掛かる工賃を抑えることが考えられるであろう。

　次に，「期末在庫品」の割合についてである。**図表6.3.4**の，「正の製品」の内訳を見てみよう。点数ベースで見ると，「販売品」2,576点（41.1%）であるのに対して，「期末在庫品」3,119点（49.8%）であり，「期末在庫品」は「販売品」を上回っている。つまり，「期末在庫品」3,119点（49.8%）は，売れ残ってしまい，最終的には「負の製品」となる可能性が考えられる。「期末在庫品」の値が，高いか否かの評価は困難であるが，上述したように，改善を実施し，その結果が次年度のMFCAのデータにどのような形で表れるのかを確認することで，次の改善事項へとつなげていくこととなるであろ

う。

　A社の試案MFCAではいくつかの課題がある。

　先の図表6.2.1に示したように，使用済自動車から生産される製品は，部品だけでなく鉄・非鉄からなるマテリアルもある。試案MFCAでは，部品のみをMFCAの適用範囲としており，マテリアルをも範囲とするMFCAを設計することで，よりA社の実態を把握することができるであろう。

　また，先の図表6.3.4のアウトプットのデータ集計表に示した「負の製品」を参照されたい。インプットに占める「負の製品（廃棄品）」の割合のうち，「市場価格の割合」は4.4%，「工賃の割合」は3.4%である。これらの割合は金額情報である。一方，インプットに占める「負の製品（廃棄品）」の割合のうち，「点数の割合」は5.6%である。この割合は物量情報である。つまり，金額情報の4.4%と3.4%は，物量情報の5.6%よりも，低い数値である。このように金額情報＜物量情報の場合には，物量を減らしても経済的な効果は低いとの判断がされ，生産プロセスの改善を実施しないとの意思決定がされる可能性がある。このような場合におけるA社の意思決定については検証に至っていないため，今後の課題としたい。

4　小括

　本章では，これまでの事例を参考にしつつ，A社の現状を把握することを目的とした試案のMFCAを作成した。

　その結果，MFCAの適用範囲を生産プロセスのうちの「部品取り」の工程に限定したことから，試案MFCAは，原則的な方法の原材料の重量比による正の製品と負の製品への配分・配賦方法ではなく，独自の配分・配賦方法によるものとなった。

　また，A社においては，既存の生産管理システムによって，部品の状況を把握することが可能であるため，生産管理システムを利用して「点数」「市場価格」「工賃」を示すMFCAを作成することができた。

　そして，試案MFCAデータの集計結果から，自動車解体業A社では，「部品取り」工程を経て，「正の製品」を94.4%生産し，「負の製品」を5.6%

生産したことが明らかにされたと考える。つまり，資源循環型社会を支える静脈産業が，「正の製品」のアウトプットによって，産業全体の「負の製品」の削減に貢献しうることを，データとして，少なからず，明らかにすることができたように思われる。

今後の課題は，上述したように，鉄・非鉄からなるマテリアルをも範囲とするMFCAを設計することで，よりA社の実態を把握することである。また，環境負荷物質の物質量を把握することによって生産プロセスの改善を実施できるように，生産プロセスからのアウトプットの範囲を，部品とマテリアルの他に，エアバッグ，フロン，燃料，オイル，LLC，さらに範囲を広げて，水，CO_2，排熱についても把握することも今後の課題である。

(注)
1 　自動車解体業では，国内外向けの製品とマテリアルのどちらを主力製品とするかによって，生産業務における生産システムは「製品生産システム」と「マテリアル生産システム」とに分かれる。国内外向製品を主力とする場合には「製品生産システム」が採用される。このシステムでは，1台から売れる製品を生産するために，使用済自動車には質が求められる。そのため，高質の使用済自動車を少量に仕入れ，生産方法が手解体になる傾向がある。本書の第4章を参照。
2 　全従業員18名のうち13.5人がA社の解体部門の人数である。
3 　ここでの乗用車とは普通車と小型車を言い，軽自動車を除いてである。自動車検査登録情報協会 http://www.airia.or.jp を参照。なお，平均使用年数とは国内で新規（新車）登録されてから抹消登録されるまでの期間の平均年数を言う。

第7章

自動車解体業H社の
マテリアル回収工程における，
提案型のMFCA

1 はじめに

　前章では，A社の現状を把握することを目的とした試案のMFCAを作成し，生産プロセスにおける課題について検討をしたのであるが，本章では，従来の操業で行われている生産プロセスに対して，新たな資源の有効利用方法を提案するMFCAの作成を試みたい。

　具体的には，自動車解体業H社において行われた回収実証試験のデータを利用して，H社の「マテリアル回収工程」を対象としたMFCAの作成を行う。

　そして，静脈産業である自動車解体業H社が，有用部品に含まれる有価金属の回収によって，資源の有効利用に貢献可能であることを，データによって証明できればと考えている。

　まずは，各種部品を対象として，次いで，使用済自動車（以下，ELVと言う）1台を対象として，H社で行われた回収実証試験のデータを利用してMFCAを作成する。

　なお，本章における「マテリアル」の意味は素材・資源になると言う意味であり，一般に言う鉄・非鉄のマテリアルリサイクルを意味する。

2 自動車解体業H社におけるMFCAの定義

2.1 MFCAの適用範囲

　前章のA社では，「部品取り」をMFCAの適用範囲としたが，本章のH

社では「マテリアル回収」工程を MFCA の適用範囲とする（**図表7.2.1参照**）。なお，試案 MFCA の作成の際に使用するデータは，H 社において2013年11月に行われた回収実証試験から得られたものである。

本章において作成する試案 MFCA は2つある。

1つは，「各種部品」の回収実証試験における試案 MFCA であり，もう1つは，「ELV 1台」の回収実証試験における試案 MFCA である。

前者の，各種部品の回収実証試験における試案 MFCA とは，コンピュータ BOX，ミラー，プリテンショナー，メーター，およびパワーウィンドウ・スイッチの5品目を対象としており，手解体によって，どれだけの部品を，中古部品ではなく，鉄・非鉄等，つまり素材・資源になると言う意味での「マテリアル」として，回収・売却ができるのかと言う回収実証試験の結果から，試案の MFCA を作成するものである。

後者の，ELV 1台の回収実証試験における試案 MFCA とは，660cc，1,300cc，2,000cc，および3,000cc からなる排気量別の ELV 1台を対象としており，手解体によって，どれだけの部品を，中古部品ではなく，鉄・非鉄等，つまり素材・資源になると言う意味での「マテリアル」として，回収・売却ができるのかと言う回収実証試験の結果から，試案の MFCA を作成するものである。

H 社とは，部品の生産すなわち「部品取り」と，原材料の生産すなわち「マテリアル回収」の両方を経営の柱とする企業である。創業が1993年であ

図表7.2.1　生産プロセスの流れと本 MFCA の適用範囲

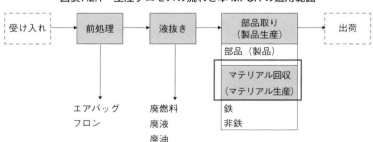

出所：筆者作成。

り，資本金は3,000万円，従業員数は15名（2013年11月時点）である。事業内容は，マテリアル事業，自動車リサイクル事業，および焼却灰適正処理事業であり，ELVのみならず，工場・家庭から排出される金属屑の再資源化を行っている。

2.2 課題と定義

H社の試案MFCAを作成するにあたり，いくつか検討すべきことがある。1つは「正の製品」と「負の製品」の定義である。

第4章において述べたように，自動車解体業の生産プロセスを考えると，まず，ELVが生産プロセスへインプットされる。そして，生産プロセスからは部品（つまり中古部品として販売する製品）と鉄・非鉄が「正の製品」としてアウトプットがされる。また，エアバッグ・フロン・液類が「負の製品」としてアウトプットされることとなる（図表7.2.2参照）。

H社において，各種部品およびELV1台を，生産プロセスにインプットした場合には，部品と鉄・非鉄がアウトプットされ，また，廃棄物がアウトプットされると予想される。したがって，部品と鉄・非鉄を「正の製品」，

図表7.2.2 自動車解体業における「正の製品」と「負の製品」

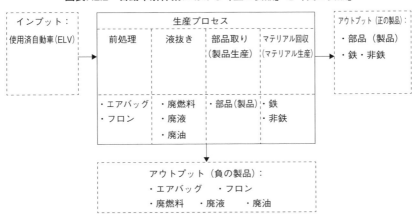

出所：筆者作成。

廃棄物を「負の製品」として定義する。

次に「重量比」についてである。

MFCAでは，原則として，重量比によって，正の製品と負の製品が把握される。前章のA社の試案MFCAでは，MFCAの対象を，部品の生産としていたため，重量比によって行うためには，すべての部品についてその重量を，全車種ごとに計測を行うことが必要となる。しかし，それは現実的ではないことから，重量比によらない配分方法によった。

しかし，H社の試案MFCAでは，MFCAの対象を，鉄・非鉄等，つまり「マテリアル」の生産とするため，前章のA社のような部品の生産とは異なり，重量によって生産プロセスからアウトプットされたものを把握することが可能である。よって，MFCAでは，原則の「重量比」による配分方法を用いることとする。

そして，「原材料費」についてである。一般的に，自動車解体業では，ELVを価格ゼロ，または最終所有者から処理費用を受け取って，仕入を行う場合（逆有償と言う）があり，原材料費の金額をどのように設定するかが問題である。

しかし，H社においては，仕入価格は，原則，排気量別に一定金額であり，軽自動車が8,000円，排気量1,300ccクラスは25,000円，排気量2,000ccクラスは40,000円，そして排気量3,000ccクラスは45,000円である。これらの仕入価格をインプットおよびアウトプットされる品目の原材料費の金額とする。

また，コンピュータBOX，ミラー，プリテンショナー，メーター，およびパワーウィンドウ・スイッチの5品目を対象とする各種部品の回収実証試験における試案MFCAでは，仕入価格（つまり原材料費）は，仕入れたELVをトヨタ・スターレット1,300ccと想定し，H社の1,300ccクラスの仕入価格の25,000円から計算をする。たとえば，生産プロセスにインプットされたコンピュータBOX1個の仕入価格（つまり原材料費）は，H社の1,300ccクラスの仕入価格の25,000円，車輌重量の950kg[1]，およびコンピュータBOX1個の重量の0.46kgから，「仕入価格25,000円×0.46kg÷950kg」の計算式によって，12.11円と計算する。

そして「加工費」の範囲と配賦方法も課題である。

図表7.2.3　H社の各種部品におけるMFCAのイメージ

出所：筆者作成。

　一般的に，自動車解体業では，解体・回収を行う人件費が加工費に該当すると思われる。そこで，H社においても，加工費として，解体・回収に掛かる人件費を想定する。

　また，加工費の配賦方法は，正の製品と負の製品の重量比を基準として，正の製品と負の製品へ配賦する。

　つまり，図表7.2.3にH社の各種部品におけるMFCAのイメージを示すように，「鉄・非鉄」を正の製品とし，「廃棄物」を負の製品とする。また，解体・回収に掛かる「人件費」を加工費とする。そして，正の製品と負の製品を，MFCAの原則である「重量比」によって把握する。

3　各種部品の回収実証試験における試案MFCA

　H社では，コンピュータBOX，ミラー，プリテンショナー，メーター，およびパワーウィンドウ・スイッチの5品目を対象として，手解体で部品を解体し，回収される素材（マテリアル）の種類と重量のデータが収集された。そして，2013年11月時点での市場価格（1kg当たりの単価）から，回収した部品の素材，つまりマテリアルとしての売却価格が計算されている。

　では，H社における各種部品の回収実証試験の結果をMFCAで検討してみよう。

3.1 コンピュータBOX

まず,コンピュータBOXについて見ていくこととする。

コンピュータBOX1個の重量は0.46kgであり,通常,コンピュータBOX1個の,素材としての売却価格合計は23.00円である。しかし,コンピュータBOXを解体することで,アルミと基盤を回収し,それらを素材として売却することが可能であることがH社における回収実証試験で明らかとなった。

H社の回収実証試験によって,コンピュータBOX1個から,回収されたアルミの重量は0.38kg,基板は0.08kgである。H社の実績によれば,アルミは1kg当たり135.00円,基板は1kg当たり400.00円の売却価格であることから,コンピュータBOX1個の解体・回収によるアルミと基板の売却価格合計は83.30円となる。

つまり,解体を行わないコンピュータBOX1個の売却価格合計は23.00円となるが,解体・回収によって,売却価格合計が83.30円となることが明らかとなった(**写真7.3.1**, **写真7.3.2参照**)。

それでは,コンピュータBOXの解体・回収の生産プロセスをMFCAで示してみよう(**図表7.3.1参照**)。

MFCAでは生産プロセスからアウトプットされる製品(MFCAでは正の製品と言う)と,廃棄物(MFCAでは負の製品と言う)の原価を,物量情

写真7.3.1 解体前コンピュータBOX

注:売却価格23.00円。
出所:H社提供。

写真7.3.2 解体後コンピュータBOX

注:売却価格83.30円。
出所:H社提供。

報と金額情報から計算するものである。

　コンピュータ BOX の解体・回収におけるマテリアルのフローを考えると，生産プロセスからアウトプットされる正の製品はアルミと基板であり，負の製品はアルミと基板を回収した残りの廃棄される部分である。

　それでは，正の製品と負の製品について，物量と金額を計算しよう。

　まず，物量情報については，回収実証試験の結果から，正の製品であるアルミは0.38kg，そして基板は0.08kgであり，負の製品である廃棄物はゼロkgである（廃棄物は発生しなかった）。

　そして，金額情報についてである。MFCA では，生産プロセスにインプットされた素材の金額を，正の製品と負の製品の重量比を基準として，正の製品と負の製品へ配分する。

　つまり，生産プロセスにインプットされたコンピュータ BOX 1 個の仕入価格（つまり原材料費）を12.11円と仮定した場合，この12.11円を，正の製品と負の製品の重量比を基準として，正の製品と負の製品に配分をすることになる。なお，仕入価格12.11円は，対象車種をトヨタ・スターレット1,300ccと想定し，H 社の1,300ccクラスの仕入価格25,000円と車輌重量950.00kg[2]，およびコンピュータ BOX 1 個の重量0.46kg から，「仕入価格25,000円×0.46kg÷950.00kg」の計算式で求める。

　ここでは，正の製品の重量は0.46kg（アルミの0.38kg+基板の0.08kg）であり，負の製品の重量はゼロkgである。仕入価格（つまり原材料費）の金額である12.11円を重量比で配分すると，正の製品のアルミは10.00円，基板は2.11円，そして負の製品の廃棄物の金額はゼロ円である。

　以上は，インプットされた原材料費を，正の製品と負の製品に配分したのであるが，MFCA では，原材料費に加えて，生産プロセスで発生する加工費についても，正の製品と負の製品の重量比を基準として，正の製品と負の製品へ配賦する。

　H 社においては，加工費として，解体・回収に掛かる人件費が考えられる。H 社におけるコンピュータ BOX の解体・回収に掛かる時間は，1個当たり10分である。作業に掛かる人件費は，日本 ELV リサイクル機構の連携高度化事業において示された1時間当たり1,500円を用いよう[3]。その結果，

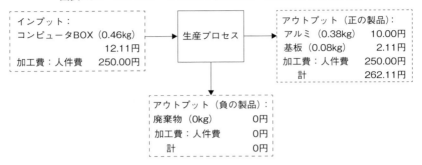

図表7.3.1　コンピュータBOX 1個の解体・回収におけるMFCA

出所：H社提供資料より作成。

解体・回収に掛かる人件費は250.00円である。

　この人件費（つまり加工費）の250.00円を，正の製品と負の製品の重量比を基準として，正の製品と負の製品へ配賦する。正の製品の重量は0.46kg（アルミの0.38kg＋基板の0.08kg）であり，負の製品の重量はゼロkgである。人件費（つまり加工費）の250.00円を，正の製品と負の製品の重量比を基準として配賦すると，正の製品の金額は250.00円，負の製品の金額は0円となる。

　つまり，コンピュータBOX 1個当たりの正の製品の金額（つまり販売する製品の原価）は計262.11円であり，負の製品の金額はゼロ円と計算がされる。

3.2　ミラー

　次に，ミラーについて見ていこう。

　ミラー1個の重量は1.68kgであり，通常，1個の，素材としての売却価格合計は31.75円である。しかし，ミラーを解体することで，丹入（亜鉛の合金），モーター，ハーネス，廃プラ（プラスチック）を回収し，それらを売却することが可能であることがH社における回収実証試験で明らかとなった。

　H社の回収実証試験によって，ミラー1個から，回収された丹入の重量は0.62kg，モーターは0.06kg，ハーネスは0.02kg，そして廃プラは0.98kgで

ある。H社の実績によれば，丹入は1kg当たり120.00円，モーターは1kg当たり90.00円，ハーネスは1kg当たり320.00円，および廃プラは1kg当たり18.90円の売却価格であることから，ミラー1個の解体・回収による丹入等の売却価格合計は104.72円となる。

つまり，解体を行わないミラー1個の売却価格合計は31.75円となるが，解体・回収によって，売却価格合計が104.72円となることが明らかとなった（写真7.3.3，写真7.3.4参照）。

それでは，ミラーの解体・回収の生産プロセスをMFCAで示してみよう（図表7.3.2参照）。

写真7.3.3 解体前ミラー

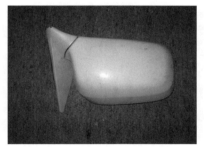

注：売却価格31.75円。
出所：H社提供。

写真7.3.4 解体後ミラー

注：売却価格104.72円。
出所：H社提供。

図表7.3.2 ミラー1個の解体・回収におけるMFCA

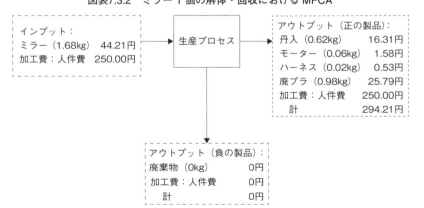

出所：H社提供資料より作成。

MFCA では，生産プロセスからアウトプットされる「正の製品」と「負の製品」の原価を，物量情報と金額情報から計算するものである。ミラーの解体・回収のフローを MFCA で考えてみると，正の製品は丹入・モーター・ハーネス・廃プラであり，負の製品は丹入等を回収した残りの廃棄される部分である。正の製品と負の製品について，物量と金額を計算しよう。

　まず，物量情報については，回収実証試験の結果から，正の製品である丹入は0.62kg，モーターは0.06kg，ハーネスは0.02kg，そして廃プラは0.98kgであり，負の製品である廃棄物はゼロ kg である。

　そして，金額情報についてである。MFCA では，生産プロセスにインプットされた素材の金額を，正の製品と負の製品の重量比を基準として，正の製品と負の製品へ配分する。

　つまり，生産プロセスにインプットされたミラー1個の仕入価格（つまり原材料費）を44.21円と仮定した場合，この44.21円を，正の製品と負の製品の重量比を基準として，正の製品と負の製品に配分をすることになる。なお，仕入価格44.21円は，対象車種をトヨタ・スターレット1,300cc と想定し，H 社の1,300cc クラスの仕入価格25,000円と車輛重量950.00kg[4]，およびミラー1個の重量1.68kg から，「仕入価格25,000円×1.68kg÷950.00kg」の計算式で求める。

　ここでは，正の製品の重量は1.68kg（丹入の0.62kg＋モーターの0.06kg＋ハーネスの0.02kg＋廃プラの0.98kg）であり，負の製品の重量はゼロ kg である。仕入価格（つまり原材料費）の金額である44.21円を重量比で配分すると，正の製品の丹入は16.31円，モーターは1.58円，ハーネスは0.53円，および廃プラは25.79円であり，負の製品の金額はゼロ円である。

　以上は，インプットされた原材料費を，正の製品と負の製品に配分したのであるが，MFCA では，原材料費に加えて，生産プロセスで発生する加工費についても，正の製品と負の製品の重量比を基準として，正の製品と負の製品へ配賦する。

　H 社においては，加工費として，解体・回収に掛かる人件費が考えられる。ミラーの解体・回収に掛かる時間は，1個当たり10分である。作業に掛かる人件費は，先のコンピュータ BOX と同様に，日本 ELV リサイクル機

構の連携高度化事業において示された1時間当たり1,500円を用いる。その結果，解体・回収に掛かる人件費は250.00円である。

この人件費（つまり加工費）の250.00円を，正の製品と負の製品の重量比を基準として，正の製品と負の製品へ配賦する。正の製品の重量は1.68kg（丹入の0.62kg＋モーターの0.06kg＋ハーネスの0.02kg＋廃プラの0.98kg）であり，負の製品の重量はゼロkgである。人件費（つまり加工費）の250.00円を，正の製品と負の製品の重量比を基準として配賦すると，正の製品の金額は250.00円，負の製品の金額は0円となる。

つまり，ミラー1個当たりの正の製品の金額（つまり販売する製品の原価）は計294.21円であり，負の製品の金額はゼロ円と計算がされる。

3.3 プリテンショナー

次に，プリテンショナーについてである。

プリテンショナー1個の重量は0.68kgであり，通常，1個の素材としての売却価格合計は12.85円である。しかし，プリテンショナーを解体することで，アルミ，鉄，および廃プラ（プラスチック）を回収し，それらを売却することができることが可能であることがH社における回収実証試験で明らかとなった。

H社の回収実証試験によって，プリテンショナー1個から，回収された

写真7.3.5　解体前プリテンショナー

注：売却価格12.85円。
出所：H社提供。

写真7.3.6　解体後プリテンショナー

注：売却価格40.43円。
出所：H社提供。

アルミの重量は0.18kg，鉄は0.48kg，廃プラは0.02kgである。H社の実績によれば，アルミは1kg当たり130.00円（コンピュータBOX由来のアルミの売却価格とは異なる），鉄は1kg当たり34.70円，廃プラは1kg当たり18.90円の売却価格であることから，プリテンショナー1個の解体・回収によるアルミと鉄の売却価格合計は40.43円となる。

つまり，解体を行わないプリテンショナー1個の売却価格合計は12.85円となるが，解体・回収によって，売却価格合計が40.43円となることが明らかとなった（**写真7.3.5**，**写真7.3.6**参照）。

それでは，プリテンショナーを解体・回収した生産プロセスをMFCAで示してみよう（**図表7.3.3**参照）。

MFCAでは，生産プロセスからアウトプットされる「正の製品」と「負の製品」の原価を，物量情報と金額情報から計算をするものである。プリテンショナーの解体・回収をMFCAに合わせて考えると，正の製品はアルミ・鉄・廃プラであり，負の製品はアルミ等を回収した残りの廃棄される部分である。正の製品と負の製品について，物量と金額を計算しよう。

まず，物量情報については，回収実証試験の結果から，正の製品であるアルミは0.18kg，鉄は0.48kg，そして廃プラは0.02kgであり，負の製品である廃棄物はゼロkgである。

図表7.3.3 プリテンショナー1個の解体・回収におけるMFCA

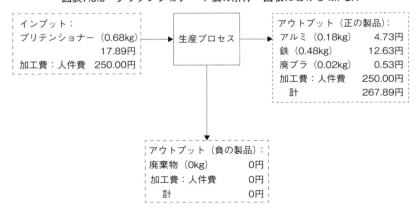

出所：H社提供資料より作成。

そして，金額情報についてである。MFCA では，生産プロセスにインプットされた素材の金額を，正の製品と負の製品の重量比を基準として，正の製品と負の製品へ配分する。

つまり，生産プロセスにインプットされたプリテンショナー1個の仕入価格（つまり原材料費）を17.89円と仮定した場合，この17.89円を正の製品と負の製品の重量比を基準として，正の製品と負の製品に配分をすることになる。なお，仕入価格17.89円は，対象車種をトヨタ・スターレット1,300cc と想定し，H 社の1,300cc クラスの仕入価格25,000円と車輌重量950.00kg[5]，およびプリテンショナー1個の重量0.68kg から，「仕入価格25,000円×0.68kg ÷950.00kg」の計算式で求める。

ここでは，正の製品の重量は0.68kg（アルミの0.18kg＋鉄の0.48kg＋廃プラの0.02kg）であり，負の製品の重量はゼロ kg である。仕入価格（つまり原材料費）の金額である17.89円を重量比で配分すると，正の製品であるアルミは4.73円，鉄は12.63円，および廃プラは0.53円であり，負の製品の金額はゼロ円である。

以上は，インプットされた原材料費を，正の製品と負の製品に配分したのであるが，MFCA では，原材料費に加えて，生産プロセスで発生する加工費についても，正の製品と負の製品の重量比を基準として，正の製品と負の製品へ配賦する。

H 社においては，加工費として，解体・回収に掛かる人件費が考えられる。プリテンショナーの解体・回収に掛かる時間は，1個当たり10分である。作業に掛かる人件費は，先のミラーと同様に，日本 ELV リサイクル機構の連携高度化事業において示された1時間当たり1,500円を用いる。その結果，解体・回収に掛かる人件費は250.00円である。

この人件費（つまり加工費）の250.00円を正の製品と負の製品の重量比を基準として配賦すると，正の製品の金額は250.00円，負の製品の金額は0円となる。

つまり，プリテンショナー1個当たりの正の製品の金額（つまり販売した製品の原価）は合計で267.89円であり，負の製品の金額は合計でゼロ円と計算がされる。

3.4 メーター

メーターについて見ていこう。

メーターは1個の重量が1.22kgであり，通常，1個の素材としての売却価格合計は23.06円である。しかし，メーターを解体することで，基板と廃プラ（プラスチック）を回収し，それらを売却できることが可能であることがH社における回収実証試験で明らかとなった。

H社の回収実証試験によって，メーター1個から，回収された基板の重量は0.06kg，廃プラは1.16kgである。H社の実績によれば，基板は1kg当たり400.00円，廃プラは1kg当たり18.90円の売却価格であることから，メーター1個の解体・回収による基板と廃プラの売却価格の合計は45.92円となる。

つまり，解体を行わないメーターは1個の売却価格合計は23.06円であるが，解体・回収を行うことで，売却価格合計が45.92円となることが明らかとなった（写真7.3.7，写真7.3.8参照）。

それでは，メーターを解体・回収した生産プロセスをMFCAで示してみよう（図表7.3.4参照）。

MFCAでは生産プロセスからアウトプットされる製品（MFCAでは正の製品と言う）と，廃棄物（MFCAでは負の製品と言う）の原価を，物量情

写真7.3.7　解体前メーター

注：売却価格23.06円。
出所：H社提供。

写真7.3.8　解体後メーター

注：売却価格45.92円。
出所：H社提供。

図表7.3.4　メーター1個の解体・回収における MFCA

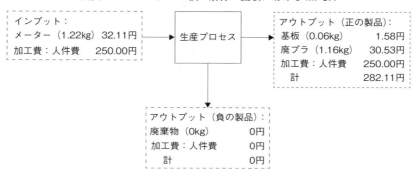

出所：H 社提供資料より作成。

報と金額情報から計算するものである。メーターの解体・回収を MFCA に合わせて考えると，正の製品は基板・廃プラであり，負の製品は基板・廃プラを回収した残りの廃棄される部分である。正の製品と負の製品について，物量と金額を計算しよう。

　まず，物量情報については，回収実証試験の結果から，正の製品である基板は0.06kg，廃プラは1.16kg であり，負の製品である廃棄物はゼロ kg である。

　そして，金額情報についてである。MFCA では，生産プロセスにインプットされた素材の金額を，正の製品と負の製品の重量比を基準として，正の製品と負の製品へ配分する。

　つまり，生産プロセスにインプットされたメーター1個の仕入価格（つまり原材料費）を32.11円と仮定した場合，この32.11円を，正の製品と負の製品の重量比を基準として，正の製品と負の製品に配分をすることになる。なお，仕入価格32.11円は，対象車種をトヨタ・スターレット1,300cc と想定し，H 社の1,300cc クラスの仕入価格25,000円と車輌重量950.00kg[6]，およびメーター1個の重量1.22kg から，「仕入価格25,000円×1.22kg÷950.00kg」の計算式で求める。

　ここでは，正の製品の重量は1.22kg（基板の0.06kg＋廃プラの1.16kg）であり，負の製品の重量はゼロ kg である。仕入価格（つまり原材料費）の金

額である32.11円を重量比で配分すると，正の製品である基板は1.58円，および廃プラは30.53円であり，負の製品の金額はゼロ円である。

　以上は，インプットされた原材料費を，正の製品と負の製品に配分したのであるが，MFCAでは，原材料費に加えて，生産プロセスで発生する加工費についても，正の製品と負の製品の重量比を基準として，正の製品と負の製品へ配賦する。

　H社においては，加工費として，解体・回収に掛かる人件費が考えられる。メーターの解体・回収に掛かる時間は，1個当たり10分である。作業に掛かる人件費は，先のプリテンショナーと同様に，日本ELVリサイクル機構の連携高度化事業において示された1時間当たり1,500円を用いる。その結果，解体・回収に掛かる人件費は250.00円である。

　この人件費（つまり加工費）の250.00円を，正の製品と負の製品の重量比を基準として，正の製品と負の製品へ配賦する。正の製品の重量は1.22kg（基板の0.06kg＋廃プラの1.16kg）であり，負の製品の重量はゼロkgである。人件費（つまり加工費）の250.00円を，正の製品と負の製品の重量比を基準として配賦すると，正の製品の金額は250.00円，負の製品の金額は0円となる。

　つまり，メーター1個当たりの正の製品の金額（つまり販売した製品の原価）は合計で282.11円であり，負の製品はゼロ円と計算がされる。

3.5 パワーウィンドウ・スイッチ

　最後にパワーウィンドウ・スイッチについてである。

　パワーウィンドウ・スイッチの1個の重量は0.12kgであり，通常，1個の素材としの売却価格合計は2.27円である。しかし，パワーウィンドウ・スイッチを解体することで，基板と廃プラ（プラスチック）を回収し，それらを売却することが可能であることがH社における回収実証試験で明らかとなった。

　H社の回収実証試験によって，パワーウィンドウ・スイッチ1個から回収された基板の重量は0.06kg，廃プラは0.06kgである。H社の実績によれば，基板は1kg当たり400.00円，廃プラは1kg当たり18.90円の売却価格で

あることから，パワーウィンドウ・スイッチ1個の解体・回収による基板と廃プラの売却価格合計は26.27円となる。

つまり，解体を行わないパワーウィンドウ・スイッチ1個の売却価格合計は2.27円となるが，解体・回収によって，売却価格合計が26.27円となることが明らかとなった（写真7.3.9，写真7.3.10参照）。

それでは，パワーウィンドウ・スイッチを解体・回収した生産プロセスをMFCAで示してみよう（図表7.3.5参照）。

MFCAでは生産プロセスからアウトプットされる製品（MFCAでは正の製品と言う）と，廃棄物（MFCAでは負の製品と言う）の原価を，物量情報と金額情報から計算するものである。パワーウィンドウ・スイッチの解体・回収における，マテリアルのフローを考えると，生産プロセスからアウトプットされる正の製品は基板・廃プラであり，負の製品は基板と廃プラを回収した残りの廃棄される部分である。それでは，正の製品と負の製品について，物量と金額を計算しよう。

まず，物量については，回収実証試験の結果から，正の製品である基板は0.06kg，そして廃プラは0.06kgであり，負の製品である廃棄物はゼロkgである。

そして，金額情報についてである。MFCAでは，生産プロセスにインプットされた素材の金額を，正の製品と負の製品の重量比を基準として，正

写真7.3.9　解体前パワーウィンドウ・スイッチ

注：売却価格2.27円。
出所：H社提供。

写真7.3.10　解体後パワーウィンドウ・スイッチ

注：売却価格26.27円。
出所：H社提供。

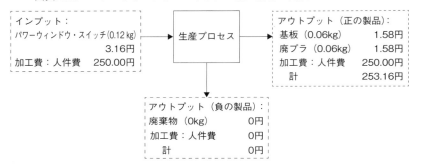

図表7.3.5　パワーウィンドウ・スイッチ1個の解体・回収における MFCA

出所：H 社提供資料より作成。

の製品と負の製品へ配分する。

　つまり，生産プロセスにインプットされたパワーウィンドウ・スイッチ1個の仕入価格（つまり原材料費）を3.16円と仮定した場合，この3.16円を，正の製品と負の製品の重量比を基準として，正の製品と負の製品に配分をすることになる。なお，仕入価格3.16円は，対象車種をトヨタ・スターレット1,300cc と想定し，H 社の1,300cc クラスの仕入価格25,000円と車輌重量950kg[7]，およびパワーウィンドウ・スイッチ1個の重量0.12kg から，「仕入価格25,000円×0.12kg ÷950kg」の計算式で求める。

　ここでは，正の製品の重量は0.12kg（基板の0.06kg＋廃プラの0.06kg）であり，負の製品の重量はゼロ kg である。仕入価格（つまり原材料費）の金額である3.16円を重量比で配分すると，正の製品である基板は1.58円，および廃プラは1.58円であり，負の製品の金額はゼロ円である。

　以上は，インプットされた原材料費を，正の製品と負の製品に配分したのであるが，MFCA では，原材料費に加えて，生産プロセスで発生する加工費についても，正の製品と負の製品の重量比を基準として，正の製品と負の製品へ配賦する。

　H 社においては，加工費として，解体・回収に掛かる人件費が考えられる。H 社におけるコンピュータ BOX の解体・回収に掛かる時間は，1個当たり10分である。作業に掛かる人件費は，先のメーターと同様に，日本 ELV リサイクル機構の連携高度化事業において示された1時間当たり1,500円をこ

こでも用いよう。その結果,解体・回収に掛かる人件費は250円である。

この人件費(つまり加工費)の250円を,正の製品と負の製品の重量比を基準として,正の製品と負の製品へ配賦する。正の製品の重量は0.12kg(基板の0.06kg+廃プラの0.06kg)であり,負の製品の重量はゼロkgである。人件費(つまり加工費)の250円を,正の製品と負の製品の重量比を基準として配賦すると,正の製品の金額は250円,負の製品の金額は0円となる。

つまり,パワーウィンドウ・スイッチ1個当たりの正の製品の金額(つまり販売する製品の原価)は253.16円であり,負の製品の金額はゼロ円と計算がされる。

3.6 アウトプットデータ集計

コンピュータBOX,ミラー,プリテンショナー,メーター,およびパワーウィンドウ・スイッチの5品目に関する回収実証試験結果をまとめてみよう。

ポイントは,手解体によって,どれだけの部品を,中古部品ではなく,鉄・非鉄等,つまり素材・資源になると言う意味での「マテリアル」として,回収・売却ができるのかと言う点である。

図表7.3.6に示したように,5品目すべてについて,MFCAを作成した結果,生産プロセスからアウトプットされる負の製品の重量はゼロ,および金額はゼロ円であった。つまり,負の製品の発生が重量ベースと金額ベース共に0%であり,生産プロセスへインプットされたコンピュータBOXのすべてを,廃棄することなく,資源として有効利用される可能性があることが示されたと言えるであろう。

たとえば,図表7.3.6に示す部品別のアウトプットデータ集計表から,コンピュータBOXを見てみよう。正の製品は,重量ベースでは,アルミは82.6%,基板は17.4%含まれている。また,金額ベースでは,アルミが3.8%,基板が0.8%である。

つまり,従来,解体がされずに,どのような資源が含まれているのかが不明とされ,その価値に着目がされてこなかったコンピュータBOXは,解体することによって,資源としてリサイクルされていなかったアルミと基板

が，素材・資源として有効利用される可能性があることが，MFCAによるデータによって明確となったと言うことである。

図表7.3.6　部品別のアウトプットデータ集計表

重量・金額	データ	正の製品	(正の製品の内訳)			負の製品	(負の製品の内訳)		合計
			アルミ	基板	人件費		廃棄物	人件費	
コンピュータBOX	重量 (kg)	0.46	0.38	0.08	−	0.00	0.00		0.46
	割合	100.0%	82.6%	17.4%	−	0.0%	0.0%		100.0%
	金額 (円)	262.11	10.00	2.11	250.00	0.00	0.00	0.00	262.11
	割合	100.0%	3.8%	0.8%	95.4%	0.0%	0.0%	0.0%	100.0%

重量・金額	データ	正の製品	(正の製品の内訳)					負の製品	(負の製品の内訳)		合計
			丹入	モーター	ハーネス	廃プラ	人件費		廃棄物	人件費	
ミラー	重量 (kg)	1.68	0.62	0.06	0.02	0.98	−	0.00	0.00	−	1.68
	割合	100.0%	36.9%	3.6%	1.2%	58.3%	−	0.0%	0.0%	−	100.0%
	金額 (円)	294.21	16.31	1.58	0.53	25.79	250.00	0.00	0.00	0.00	294.21
	割合	100.0%	5.5%	0.5%	0.2%	8.8%	85.0%	0.0%	0.0%	0.0%	100.0%

重量・金額	データ	正の製品	(正の製品の内訳)				負の製品	(負の製品の内訳)		合計
			アルミ	鉄	廃プラ	人件費		廃棄物	人件費	
プリテンショナー	重量 (kg)	0.68	0.18	0.48	0.02	−	0.00	0.00	−	0.68
	割合	100.0%	26.5%	70.6%	2.9%	−	0.0%	0.0%	−	100.0%
	金額 (円)	267.89	4.73	12.63	0.53	250.00	0.00	0.00	0.00	267.89
	割合	100.0%	1.8%	4.7%	0.2%	93.3%	0.0%	0.0%	0.0%	100.0%

重量・金額	データ	正の製品	(正の製品の内訳)			負の製品	(負の製品の内訳)		合計
			基板	廃プラ	人件費		廃棄物	人件費	
メーター	重量 (kg)	1.22	0.06	1.16	−	0.00	0.00	−	1.22
	割合	100.0%	4.9%	95.1%	−	0.0%	0.0%	−	100.0%
	金額 (円)	282.11	1.58	30.53	250.00	0.00	0.00	0.00	282.11
	割合	100.0%	0.6%	10.8%	88.6%	0.0%	0.0%	0.0%	100.0%

重量・金額	データ	正の製品	(正の製品の内訳)			負の製品	(負の製品の内訳)		合計
			基板	廃プラ	人件費		廃棄物	人件費	
パワーウィンドウ・スイッチ	重量 (kg)	0.12	0.06	0.06	−	0.00	0.00	−	0.12
	割合	100.0%	50.0%	50.0%	−	0.0%	0.0%	−	100.0%
	金額 (円)	253.16	1.58	1.58	250.00	0.00	0.00	0.00	253.16
	割合	100.0%	0.6%	0.6%	98.8%	0.0%	0.0%	0.0%	100.0%

出所：筆者作成。

本生産プロセスにおける課題を挙げるとすれば，正の製品の金額に含まれる解体・回収に掛かる人件費を下げることである。各部品の正の製品における人件費の割合を参照されたい。たとえばパワーウィンドウ・スイッチでは，250.00円（98.80％）が人件費である。

人件費を下げるためには解体・回収の時間を削減する方法を確立することが求められるであろう。そのための1つの案としては，動脈産業である自動車メーカーによる解体を配慮した設計や，車輌・型番別による部品様式の情報開示が考えられるであろう。

また，図表7.3.7に示したように，解体をした場合の売却価格と，MFCAによって計算された製品の原価との差額である収支金額は，5品目すべてにおいて，マイナスとなっており，現時点において，個々の部品から利益を得ることは難しいように思われる。

しかし，重要な点は，収支金額よりも，5品目からアウトプットされた素材とその重量である。つまり，回収される素材の種類と重量を増やす工夫，回収される素材の純度を上げる工夫，および手による解体・回収方法の他に，破砕選別等の他の方法の開発によって，アウトプットされる素材の種類と重量を増やすことが考えられる。これによって，正の製品の増加と負の製品の削減を，重量ベースと金額ベースの両方において可能とさせるであろう。

図表 7.3.7 部品別の収支金額計算

収支金額 部品名	①売却価格 （素材として売却）	②製品の原価 （正の製品の金額）	収支金額 （①－②）
コンピュータBOX	83.30 円	262.11 円	-178.81 円
ミラー	104.72 円	294.21 円	-189.49 円
プリテンショナー	40.43 円	267.89 円	-227.46 円
メーター	45.92 円	282.11 円	-236.19 円
パワーウィンドウ・スイッチ	26.27 円	253.16 円	-226.89 円

出所：筆者作成。

4 ELV1台の回収実証試験における試案MFCA

　前項ではH社における回収実証試験のデータを利用して，各種部品1個当たりのMFCAについて見てきたが，本項では，ELV1台を対象とし，手解体によって，どれだけの部品を，中古部品ではなく，鉄・非鉄等，つまり素材・資源になると言う意味での「マテリアル」として，回収・売却ができるのかと言う回収実証試験の結果から，試案のMFCAを作成するものである。

　H社では，2013年11月に，排気量別での回収実証試験が行われ，ELVを排気量別に，660cc，1,300cc，2,000cc，および3,000ccの4つに区分して部品の回収を行い，回収した部品の個数と重量のデータが収集された。そして，2013年11月時点での市場価格（1kg当たりの単価）から，回収した部品の素材，つまりマテリアルとしての売却価格が計算されている。

　なお，部品を素材として売却する場合には，鉄（規格はH3）は1kg当たり34.70円，アルミは1kg当たり120.00円，モーターは1kg当たり70.00円または80.00円，白黒エンジン（鉄とアルミからなる）と黒黒エンジン（鉄からなる）は1kg当たり53.00円から63.00円，そしてシュレッダー原料として，ダスト分30％を差引いた1kg当たり18.90円でシュレッダー業者へ引き取られる。

　では，H社における回収実証試験のデータから，ELV1台でのMFCAを作成し，回収実証試験の結果を検討してみたい。

　しかし，MFCAを作成するにあたって，不足しているデータがある。それはインプットとアウトプットのデータである。

　第4章において述べたように，自動車解体業の生産プロセスを考えると，まず，ELVが生産プロセスへインプットされる。そして，生産プロセスからは部品（つまり中古部品として販売する製品）と鉄・非鉄が「正の製品」としてアウトプットがされる。また，エアバッグ・フロン・液類が「負の製品」としてアウトプットされることとなる（**図表7.4.1参照**）。

　正の製品と負の製品の物量情報と金額情報を把握するためには，インプットとアウトプットのデータが必要である。しかし，H社における回収実証試

図表7.4.1 自動車解体業における「正の製品」と「負の製品」

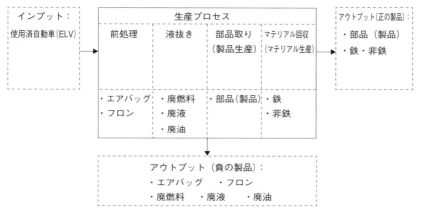

出所：筆者作成。

験では，生産プロセスにインプットされた ELV の重量が計量されていない。

また，負の製品のうち，重量がある，廃燃料・廃液・廃油の回収・重量に関するデータが採取されていない。

さらに，正の製品のうち中古部品として販売された部品に関する物量情報と金額情報が把握されていない。

つまり，「正の製品のうち素材として回収された部品（非鉄・鉄）の重量」に関するデータのみが集計されていた。

そこで，「インプットされた ELV の重量」，および「負の製品となる廃燃料・廃液・廃油の重量」については，環境管理センター[2013]のデータを使用することとしたい。

また，正の製品のうち中古部品として回収された部品の重量については，次の計算式で求めることとする。

（正の製品のうち中古部品として回収された部品の重量）
= （①インプットされた ELV の重量）－｛（②負の製品となる廃燃料・廃液・廃油の重量）＋（③正の製品のうち素材として回収された部品の重量）｝

図表7.4.2　H社と環境管理センター［2013］の試験車輌対応表

H　　社		環境管理センター［2013］	
メーカー・車種	区　　分	メーカー・車種	区　　分
スズキ・セルボ	排気量 660cc	ダイハツ・ミラ	軽自動車
トヨタ・スターレット	排気量1,300cc	マツダ・デミオ	普通乗用車 排気量1,500cc 以下
トヨタ・カリーナED	排気量2,000cc	ホンダ・オルティア	普通自動車 排気量1,500cc 超 重量1,400kg 未満
日産・セドリック	排気量3,000cc	日産・ステージア	普通自動車 排気量1,500cc 超 重量1,400kg 以上

出所：H社提供資料と環境管理センター[2013]pp. 参２-19・２-24・２-29・２-34. より作成。

なお，①と②については環境管理センター［2013］のデータを用いるが，その際，H社における排気量別の車輌は環境管理センター［2013］での実験車輌とは異なることを留意されたい（図表7.4.2参照）。

たとえば，H社におけるスズキ・セルボのMFCAを作成する際には，上記の計算式における，①インプットされたELVの重量と，②負の製品の重量は，環境管理センター［2013］のダイハツ・ミラの重量を用いる。

4.1　排気量660cc

排気量660ccでは，軽自動車のスズキ・セルボを対象車種とする。セルボの仕入価格を，H社における実績額の8,000円とする。また，1台に掛かる解体・回収の作業時間を，H社における実績時間の6時間とする。なお，解体・回収に掛かる時間は，2名が3時間かけて1台を解体するため，6時間である。

素材としての部品を回収した結果，回収部品の種類は44種，回収個数は62個，素材としての部品の総重量は583.70kgであり，回収部品は鉄（H３），アルミ，モーター，白黒エンジン，その他，およびシュレッダー原料（AP：Aプレス）として，売却が可能であることがわかった（図表7.4.3参照）。なお，図表7.4.3の備考欄には，H社における売却時の素材の名前を示している。

図表7.4.3　素材としての回収部品一覧　排気量660cc

	部 品 名	個 数	重 量(kg)	1kg当たり単価	売却価格	備　考
1	ガソリンタンク	1	6.00	34.70	¥208.20	鉄（H3）
2	ジャッキ	1	2.00	34.70	¥69.40	鉄（H3）
3	スタビライザー	1	4.00	34.70	¥138.80	鉄（H3）
4	ステアリングポスト	1	7.50	34.70	¥260.25	鉄（H3）
5	ストラット後	2	2.00	34.70	¥69.40	鉄（H3）
6	ストラット前	2	30.00	34.70	¥1,041.00	鉄（H3）
7	スプリング後	2	2.00	34.70	¥69.40	鉄（H3）
8	ドライブシャフト前	2	8.50	34.70	¥294.95	鉄（H3）
9	フェンダー	2	3.00	34.70	¥104.10	鉄（H3）
10	ホーシング後	1	28.50	34.70	¥988.95	鉄（H3）
11	ボンネット	1	6.50	34.70	¥225.55	鉄（H3）
12	マフラー	1	10.00	34.70	¥347.00	鉄（H3）
13	メンバー前	1	10.00	34.70	¥347.00	鉄（H3）
14	ラック＆ピニオン	1	4.00	34.70	¥138.80	鉄（H3）
15	ロアアーム	2	2.00	34.70	¥69.40	鉄（H3）
16	クーラーコンデンサー	1	1.50	120.00	¥180.00	アルミ
17	ラジエター	1	4.50	120.00	¥540.00	アルミ
18	エバポレーター	1	2.50	80.00	¥200.00	モーター
19	パワーウィンドウ	2	3.00	80.00	¥240.00	モーター
20	ブロアーモーター	1	1.00	70.00	¥70.00	モーター
21	ワイパーモーター	1	1.00	80.00	¥80.00	モーター
22	エンジン	1	100.50	53.00	¥5,326.50	白黒エンジン
23	コンピューターボックス	2	1.00	50.00	¥50.00	その他
24	コンプレッサー	1	4.00	80.00	¥320.00	その他
25	触媒	1	2.00	1,800.00	¥1,800.00	その他
26	セルモーター	1	3.00	160.00	¥480.00	その他
27	ダイナモ	1	3.00	160.00	¥480.00	その他
28	タイヤ・鉄	4	－	100.00	¥400.00	その他
29	ハーネス	1	7.00	320.00	¥2,240.00	その他
30	バッテリー	1	8.00	82.00	¥656.00	その他
31	ヒューズボックス	1	0.50	60.00	¥30.00	その他
32	リアゲート	1	16.50	18.90	¥311.85	AP
33	ガソリンポンプ	1	0.50	18.90	¥9.45	AP
34	シート	3	38.00	18.90	¥718.20	AP
35	ダストブーツ	1	28.00	18.90	¥529.20	AP
36	テールライト	2	1.50	18.90	¥28.35	AP
37	ドア	2	42.50	18.90	¥803.25	AP
38	ドアミラー	2	1.50	18.90	¥28.35	AP
39	バンパー	2	4.50	18.90	¥85.05	AP
40	ブレーキマスター	1	2.50	18.90	¥47.25	AP
41	フロントグリル	1	0.50	18.90	¥9.45	AP
42	ヘッドライト	2	2.00	18.90	¥37.80	AP
43	ホーン	1	0.20	18.90	¥3.78	AP
44	ボディー	1	177.00	18.90	¥3,345.30	AP
	合　　計	62	583.70	－	¥23,421.98	－

注：触媒とタイヤ・鉄の単価は1個当たりの金額である。重量合計583.70kgにはタイヤ・鉄の重量を含めない。

出所：H社提供資料を一部加筆。

H社のデータを使い，排気量660ccを解体・回収した場合を，MFCAで示してみよう（**図表7.4.4**参照）。

　MFCAでは，生産プロセスからアウトプットされる「正の製品」と「負の製品」の原価を，物量情報と金額情報から計算をするものである。排気量660ccのELVの解体・回収をMFCAに合わせて考えると，正の製品は中古部品と素材であり，負の製品は廃燃料・廃液・廃油である。正の製品と負の製品について，物量と金額を計算しよう。

　まず，物量情報については，回収実証試験の結果と環境管理センター[2013]から，生産プロセスにインプットされた排気量660ccのELVの重量を686.00kgと想定する。また，生産プロセスからアウトプットされる，正の製品である中古部品は85.05kg，素材は583.70kgであり，負の製品である廃燃料は12.00kg，廃液は1.85kg，廃油は3.40kgである。なお，先述したように，正の製品である中古部品の85.05kgは次の計算式で求める。

　（①インプットされたELVの重量686.00kg）－ {（②負の製品となる廃燃料12.00kg＋廃液1.85kg＋廃油3.40kg）＋（③正の製品のうち素材として回収された部品583.70kg）} ＝85.05kg

　①と②は環境管理センター[2013]のデータを使用し，また，③は前掲の図表7.4.3に示したようにH社における「素材としての回収部品一覧」の重量

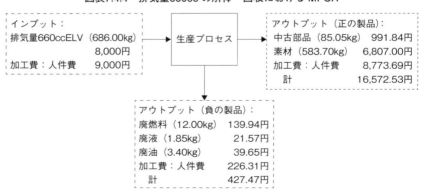

図表7.4.4　排気量660ccの解体・回収におけるMFCA

出所：H社提供資料より作成。

の合計である。

そして，金額情報についてである。MFCAでは，生産プロセスにインプットされた素材の金額を，正の製品と負の製品の重量比を基準として，正の製品と負の製品へ配分する。

つまり，生産プロセスにインプットされた排気量660ccのELVの仕入価格（つまり原材料費）をH社における実績額の8,000円と仮定した場合，この8,000円を正の製品と負の製品の重量比を基準として，正の製品と負の製品へ配分することになる。

ここでは，正の製品の重量は668.75kg（中古部品の85.05kg＋素材の583.70kg）であり，負の製品の重量は17.25kg（廃燃料12.00kg＋廃液1.85kg＋廃油3.40kg）である。仕入価格（つまり原材料費）の金額である8,000円を重量比で配分すると，正の製品である中古部品は991.84円，素材は6,807.00円であり，負の製品である廃燃料は139.94円，廃液は21.57円，廃油は39.65円である。

以上は，インプットされた原材料費を，正の製品と負の製品に配分したのであるが，MFCAでは，原材料費に加えて，生産プロセスで発生する加工費についても，正の製品と負の製品の重量比を基準として，正の製品と負の製品へ配賦する。

H社においては，加工費として，解体・回収に掛かる人件費が考えられる。排気量660ccのELV1台の解体・回収に掛かる時間はH社において6時間である。人件費は，日本ELVリサイクル機構の連携高度化事業において示された1時間当たり1,500円を用いると，解体・回収に掛かる人件費は9,000円である。

この人件費（つまり加工費）の9,000円を正の製品と負の製品の重量比を基準として配賦をすると，正の製品の金額は8,773.69円，負の製品の金額は226.31円である。

つまり，排気量660ccのセルボの場合には，正の製品の金額（つまり販売した製品の原価）は，中古部品991.84円，素材6,807.00円，および人件費8,773.69円の合計16,572.53円である。また，負の製品の金額は，廃燃料139.94円，廃液21.57円，廃油39.65円，および人件費226.31円の合計427.47円である。

4.2 排気量1,300cc

　排気量1,300ccでは，普通自動車のトヨタ・スターレットを対象車種とする。スターレットの仕入価格をH社の実績額の25,000円とする。また，1台に掛かる解体・回収の作業時間を，H社における実績時間の6時間とする。なお，解体・回収に掛かる時間は，2名が3時間かけて1台を解体するため，6時間である。

　素材としての部品を回収した結果，回収部品の種類は42種，回収個数は61個，素材としての部品の総重量は722.70kgであり，回収部品は鉄（H3），アルミ，モーター，白黒エンジン，その他，およびシュレッダー原料（AP：プレス）として，売却が可能であることがわかった（図表7.4.5参照）。

　H社のデータから，排気量1,300ccを解体・回収した場合をMFCAで示してみよう（図表7.4.6参照）。

　MFCAでは，生産プロセスからアウトプットされる「正の製品」と「負の製品」の原価を，物量情報と金額情報から計算をするものである。排気量1,300ccのELVの解体・回収をMFCAに合わせて考えると，先述の排気量660ccと同様に，正の製品は中古部品と素材であり，負の製品は廃燃料・廃液・廃油である。正の製品と負の製品について，物量と金額を計算しよう。

　まず，物量情報については，回収実証試験の結果と環境管理センター[2013]から，生産プロセスにインプットされた排気量1,300ccのELVの重量を970.00kgと想定する。また，生産プロセスからアウトプットされる，正の製品である中古部品は216.10kg，素材は722.70kgであり，負の製品である廃燃料は22.00kg，廃液は3.85kg，廃油は5.35kgである。なお，先述したように，正の製品である中古部品の216.10kgは次の計算式で求める。

　　（①インプットされたELVの重量970.00kg）－｛（②負の製品となる廃燃料22.00kg＋廃液3.85kg＋廃油5.35kg）＋（③正の製品のうち素材として回収された部品722.70kg）｝＝216.10kg

　①と②は前掲の図表7.4.2に示したように環境管理センター[2013]におけるマツダ・デミオの排気量1,500cc以下のデータを使用し，また，③は図表7.4.5に示したようにH社における「素材としての回収部品一覧」の重量の

図表7.4.5　素材としての回収部品一覧　排気量1,300cc

	部　品　名	個　数	重　量(kg)	1kg当たり単価	売却価格	備　考
1	ガソリンタンク	1	10.00	34.70	¥347.00	鉄（H３）
2	ジャッキ	1	2.00	34.70	¥69.40	鉄（H３）
3	ストラット後	2	5.50	34.70	¥190.85	鉄（H３）
4	ストラット前	2	35.00	34.70	¥1,214.50	鉄（H３）
5	ドライブシャフト	2	11.00	34.70	¥381.70	鉄（H３）
6	フェンダー	2	5.00	34.70	¥173.50	鉄（H３）
7	ホーシング後	1	26.50	34.70	¥919.55	鉄（H３）
8	ボンネット	1	11.00	34.70	¥381.70	鉄（H３）
9	マフラー	1	12.00	34.70	¥416.40	鉄（H３）
10	ラック＆ピニオン	1	7.00	34.70	¥242.90	鉄（H３）
11	ロアアーム	2	5.50	34.70	¥190.85	鉄（H３）
12	ラジエター	1	7.50	120.00	¥900.00	アルミ
13	クーラーコンデンサー	1	3.50	120.00	¥420.00	アルミ
14	エバポレーター	1	3.00	70.00	¥210.00	その他
15	エンジン	1	164.00	53.00	¥8,692.00	白黒エンジン
16	コンピューターボックス	2	0.50	50.00	¥25.00	その他
17	コンプレッサー	1	6.00	80.00	¥480.00	その他
18	触媒	1	3.00	4,800.00	¥4,800.00	その他
19	ステアリングポスト	1	7.00	32.20	¥225.40	その他
20	セルモーター	1	3.00	160.00	¥480.00	その他
21	ダイナモ	1	4.00	160.00	¥640.00	その他
22	タイヤ・鉄	4	－	100.00	¥400.00	その他
23	ハーネス	1	5.00	320.00	¥1,600.00	その他
24	バッテリー	1	9.00	82.00	¥738.00	その他
25	ヒューズボックス	1	1.00	60.00	¥60.00	その他
26	ブロアモーター	1	1.50	70.00	¥105.00	その他
27	ワイパーモーター	1	1.00	70.00	¥70.00	その他
28	リアゲート	1	14.00	18.90	¥264.60	AP
29	ガソリンポンプ	1	0.50	18.90	¥9.45	AP
30	コーナーライト	2	0.50	18.90	¥9.45	AP
31	シート	3	32.00	18.90	¥604.80	AP
32	ダストブーツ	1	30.50	18.90	¥576.45	AP
33	テールライト	2	1.50	18.90	¥28.35	AP
34	ドア	4	62.50	18.90	¥1,181.25	AP
35	ドアミラー	2	1.00	18.90	¥18.90	AP
36	バンパー	2	5.50	18.90	¥103.95	AP
37	ブレーキマスター	1	2.50	18.90	¥47.25	AP
38	フロントグリル	1	0.50	18.90	¥9.45	AP
39	ヘッドライト	2	2.50	18.90	¥47.25	AP
40	ホーン	1	0.20	18.90	¥3.78	AP
41	ボディー（ガラ）	1	217.50	18.90	¥4,110.75	AP
42	ラジオカセット	1	2.00	18.90	¥37.80	AP
	合　計	61	722.70	－	¥31,427.23	－

注：触媒とタイヤ・鉄の単価は１個当たりの金額である。重量合計722.70kgにはタイヤ・鉄の重量を含めない。

出所：H社提供資料を一部加筆。

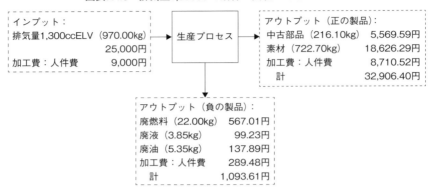

図表7.4.6 排気量1,300ccの解体・回収におけるMFCA

出所：H社提供資料より作成。

合計である。

そして，金額情報についてである。MFCAでは，生産プロセスにインプットされた素材の金額を，正の製品と負の製品の重量比を基準として，正の製品と負の製品へ配分する。

つまり，生産プロセスにインプットされた排気量1,300ccのELVの仕入価格（つまり原材料費）をH社における実績額の25,000円と仮定した場合，この25,000円を正の製品と負の製品の重量比を基準として，正の製品と負の製品へ配分することになる。

ここでは，正の製品の重量は938.80kg（中古部品の216.10kg＋素材の722.70kg）であり，負の製品の重量は31.20kg（廃燃料22.00kg＋廃液3.85kg＋廃油5.35kg）である。仕入価格（つまり原材料費）の金額である25,000円を重量比で配分すると，正の製品である中古部品は5,569.59円，素材は18,626.29円であり，負の製品である廃燃料は567.01円，廃液は99.23円，廃油は137.89円である。

以上は，インプットされた原材料費を，正の製品と負の製品に配分したのであるが，MFCAでは，原材料費に加えて，生産プロセスで発生する加工費についても，正の製品と負の製品の重量比を基準として，正の製品と負の製品へ配賦する。

H社においては，先述の660ccと同様に，加工費として，解体・回収に掛かる人件費が考えられる。排気量1,300ccのELV1台の解体・回収に掛かる時間はH社において6時間である。人件費は，日本ELVリサイクル機構の連携高度化事業において示された1時間当たり1,500円を用いると，解体・回収に掛かる人件費は9,000円である。

この人件費（つまり加工費）の9,000円を正の製品と負の製品の重量比を基準として配賦をすると，正の製品の金額は8,710.52円，負の製品の金額は289.48円である。

つまり，排気量1,300ccのスターレットの場合には，正の製品の金額（つまり販売した製品の原価）は，中古部品5,569.59円，素材18,626.29円，および人件費8,710.52円の合計32,906.40円である。

また，負の製品の金額は，廃燃料567.01円，廃液99.23円，廃油137.89円，および人件費289.48円の合計1,093.61円である。

4.3 排気量2,000cc

排気量2,000ccでは，普通自動車のトヨタ・カリーナEDを対象車種とする。カリーナEDの仕入れ価格をH社の実績額である40,000円とする。1台に掛かる解体・回収の作業時間を，H社における実績時間の6時間とする。なお，解体・回収に掛かる時間は，2名が3時間かけて1台を解体するため，6時間である。

素材としての部品を回収した結果，回収部品の種類は46種，回収個数は76個，素材としての部品の総重量は1,081.50kgであり，回収部品は鉄（H3），アルミ，モーター，黒黒エンジン，その他，およびシュレッダー原料（AP：プレス）として，売却が可能であることがわかった（図表7.4.7参照）。

H社のデータを使い，排気量2,000ccを解体・回収した場合を，MFCAで示してみよう（図表7.4.8参照）。

MFCAでは，生産プロセスからアウトプットされる「正の製品」と「負の製品」の原価を，物量情報と金額情報から計算をするものである。先述の排気量1,300ccと同様に，排気量2,000ccのELVの解体・回収をMFCAに合わせて考えると，正の製品は中古部品と素材であり，負の製品は廃燃料・廃

液・廃油である。正の製品と負の製品について，物量と金額を計算しよう。

まず，物量情報については，回収実証試験の結果と環境管理センター[2013]から，生産プロセスにインプットされた排気量2,000ccのELVの重量を1,199.00kgと想定する。また，生産プロセスからアウトプットされる，正の製品である中古部品は96.30kg，素材は1,081.50kgであり，負の製品である廃燃料は13.00kg，廃液は2.85kg，廃油は5.35kgである。なお，先述したように，正の製品である中古部品の96.30kgは次の計算式で求める。

（①インプットされたELVの重量1,199.00kg）－｛（②負の製品となる廃燃料13.00kg＋廃液2.85kg＋廃油5.35kg）＋（③正の製品のうち素材として回収された部品1,081.50kg）｝＝96.30kg

①と②は前掲の図表7.4.2に示したように環境管理センター[2013]におけるホンダ・オルティアの排気量1,500cc超・重量1,400kg未満のデータを使用し，また，③は図表7.4.7に示したようにH社における「素材としての回収部品一覧」の重量の合計である。

そして，金額情報についてである。MFCAでは，生産プロセスにインプットされた素材の金額を，正の製品と負の製品の重量比を基準として，正の製品と負の製品へ配分する。

つまり，生産プロセスにインプットされた排気量2,000ccのELVの仕入価格（つまり原材料費）をH社における仕入実績額の40,000円と仮定した場合，この40,000円を正の製品と負の製品の重量比を基準として，正の製品と負の製品へ配分することになる。

ここでは，正の製品の重量は1,177.8kg（中古部品の96.30kg＋素材の1,081.50kg）であり，負の製品の重量は21.20kg（廃燃料13.00kg＋廃液2.85kg＋廃油5.35kg）である。仕入価格（つまり原材料費）の金額である40,000円を重量比で配分すると，正の製品である中古部品は3,212.68円，素材は36,080.07円であり，負の製品である廃燃料は433.69円，廃液は95.08円，廃油は178.48円である。

以上は，インプットされた原材料費を，正の製品と負の製品に配分したのであるが，MFCAでは，原材料費に加えて，生産プロセスで発生する加工費についても，正の製品と負の製品の重量比を基準として，正の製品と負の

図表7.4.7　素材としての回収部品一覧　排気量2,000cc

	部　品　名	個　数	重　量(kg)	1kg当たり単価	売却価格	備　考
1	ガソリンタンク	1	12.50	34.70	¥433.75	鉄（H 3）
2	ジャッキ	1	2.00	34.70	¥69.40	鉄（H 3）
3	スタビライザー前	1	7.00	34.70	¥242.90	鉄（H 3）
4	ステアリングポスト	1	9.50	34.70	¥329.65	鉄（H 3）
5	ストラット後	2	50.50	34.70	¥1,752.35	鉄（H 3）
6	ストラット前	2	52.00	34.70	¥1,804.40	鉄（H 3）
7	ドライブシャフト前	2	14.00	34.70	¥485.80	鉄（H 3）
8	トランク	1	9.50	34.70	¥329.65	鉄（H 3）
9	フェンダー	2	7.00	34.70	¥242.90	鉄（H 3）
10	ボンネット	1	16.00	34.70	¥555.20	鉄（H 3）
11	マフラー	1	19.00	34.70	¥659.30	鉄（H 3）
12	メンバー前	1	11.00	34.70	¥381.70	鉄（H 3）
13	ラック＆ピニオン	1	9.50	34.70	¥329.65	鉄（H 3）
14	ロアアーム後	6	6.50	34.70	¥225.55	鉄（H 3）
15	ロアアーム前	2	13.00	34.70	¥451.10	鉄（H 3）
16	ラジエター	1	8.00	120.00	¥960.00	アルミ
17	クーラーコンデンサー	1	3.50	120.00	¥420.00	アルミ
18	パワーウィンドウ	4	6.00	70.00	¥420.00	モーター
19	ブロアーモーター	1	1.00	60.00	¥60.00	モーター
20	ワイパーモーター	1	1.50	70.00	¥105.00	モーター
21	エバポレーター	1	3.50	70.00	¥245.00	その他
22	エンジン	1	215.00	53.00	¥11,395.00	黒黒エンジン
23	コンピューターボックス	5	1.50	50.00	¥75.00	その他
24	コンプレッサー	1	7.50	80.00	¥600.00	その他
25	触媒	1	5.50	6,800.00	¥6,800.00	その他
26	セルモーター	1	4.00	160.00	¥640.00	その他
27	ダイナモ	1	5.00	160.00	¥800.00	その他
28	タイヤ・アルミ	4	－	1,200.00	¥4,800.00	その他
29	ハーネス	1	19.00	320.00	¥6,080.00	その他
30	バッテリー	1	15.50	82.00	¥1,271.00	その他
31	ヒューズボックス	1	1.00	50.00	¥50.00	その他
32	ガーニッシュ	1	1.00	18.90	¥18.90	AP
33	ガソリンポンプ	1	1.00	18.90	¥18.90	AP
34	グリル	1	0.50	18.90	¥9.45	AP
35	コーナーライト	1	1.00	18.90	¥18.90	AP
36	シート	3	52.50	18.90	¥992.25	AP
37	ダストブーツ	1	52.00	18.90	¥982.80	AP
38	テールライト	2	3.50	18.90	¥66.15	AP
39	ドア	4	70.00	18.90	¥1,323.00	AP
40	ドアミラー	2	3.50	18.90	¥66.15	AP
41	バンパー	2	12.00	18.90	¥226.80	AP
42	ブレーキマスター	1	5.00	18.90	¥94.50	AP
43	ヘッドライト	1	3.00	18.90	¥56.70	AP
44	ホーン	2	0.50	18.90	¥9.45	AP
45	ボディー（ガラ）	1	337.00	18.90	¥6,369.30	AP
46	ラジオカセット	1	2.50	18.90	¥47.25	AP
	合　　計	76	1,081.50	－	¥53,314.80	－

注：触媒とタイヤ・アルミの単価は1個当たりの金額である。重量合計1,081.50kgにはタイヤ・アルミの重量を含めない。

出所：H社提供資料を一部加筆。

図表7.4.8　排気量2,000ccの解体・回収におけるMFCA

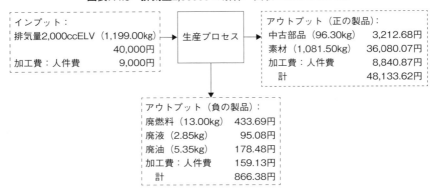

出所：H社提供資料より作成。

製品へ配賦する。

　H社においては，先述の1,300ccと同様に，加工費として，解体・回収に掛かる人件費が考えられる。排気量2,000ccのELV1台の解体・回収に掛かる時間はH社において6時間である。人件費は，日本ELVリサイクル機構の連携高度化事業において示された1時間当たり1,500円を用いると，解体・回収に掛かる人件費は9,000円である。

　この人件費（つまり加工費）の9,000円を正の製品と負の製品の重量比を基準として配賦をすると，正の製品の金額は8,840.87円，負の製品の金額は159.13円である。

　つまり，排気量2,000ccのカリーナEDの場合には，正の製品の金額（つまり販売した製品の原価）は，中古部品3,212.68円，素材36,080.07円，および人件費8,840.87円の合計48,133.62円である。

　また，負の製品の金額は，廃燃料433.69円，廃液95.08円，廃油178.48円，および人件費159.13円の合計866.38円である。

4.4　排気量3,000cc

　排気量3,000ccでは，普通自動車の日産・セドリックを対象車種とする。セドリックの仕入れ価格をH社の実績額である45,000円とする。1台に掛か

る解体・回収の作業時間を，H社における実績時間の6時間とする。なお，解体・回収に掛かる時間は，2名が3時間かけて1台を解体するため，6時間である。

素材としての部品を回収した結果，回収部品の種類は52種，回収個数は78個，素材としての部品の総重量は1,359.60kgであり，回収部品は鉄（H3），アルミ，モーター，白黒エンジン，その他，およびシュレッダー原料（AP：プレス）として，売却が可能であることがわかった（図表7.4.9参照）。

H社のデータを使い，排気量3,000ccを解体・回収した場合を，MFCAで示してみる（図表7.4.10参照）。

MFCAでは，生産プロセスからアウトプットされる「正の製品」と「負の製品」の原価を，物量情報と金額情報から計算をするものである。先述の排気量2,000ccと同様に，排気量3,000ccのELVの解体・回収をMFCAに合わせて考えると，正の製品は中古部品と素材であり，負の製品は廃燃料・廃液・廃油である。正の製品と負の製品について，物量と金額を計算しよう。

まず，物量情報については，回収実証試験の結果と環境管理センター[2013]から，生産プロセスにインプットされた排気量3,000ccのELVの重量を1,427.00kgと想定する。また，生産プロセスからアウトプットされる，正の製品である中古部品は58.10kg，素材は1,359.60kgであり，負の製品である廃燃料は4.00kg，廃液は0.85kg，廃油は4.45kgである。なお，先述したように，正の製品である中古部品の58.10kgは次の計算式で求める。

（①インプットされたELVの重量1,427.00kg）−｛（②負の製品となる廃燃料4.00kg＋廃液0.85kg＋廃油4.45kg）＋（③正の製品のうち素材として回収された部品1,359.60kg）｝＝58.10kg

①と②は前掲の図表7.4.2に示したように環境管理センター[2013]における日産・ステージアの排気量1,500cc超・重量1,400kg以上のデータを使用し，また，③は図表7.4.9に示したようにH社における「素材としての回収部品一覧」の重量の合計である。

そして，金額情報についてである。MFCAでは，生産プロセスにインプットされた素材の金額を，正の製品と負の製品の重量比を基準として，正の製品と負の製品へ配分する。

図表7.4.9　素材としての回収部品一覧　排気量3,000cc

	部　品　名	個　数	重量（kg）	1 kg当たり単価	売却価格	備　考
1	アッパーアーム	2	5.00	34.70	¥173.50	鉄（H３）
2	ガソリンタンク	1	12.50	34.70	¥433.75	鉄（H３）
3	ジャッキ	1	2.00	34.70	¥69.40	鉄（H３）
4	スタビライザー　後	1	1.50	34.70	¥52.05	鉄（H３）
5	スタビライザー　前	1	8.00	34.70	¥277.60	鉄（H３）
6	ストラット　後	2	11.00	34.70	¥381.70	鉄（H３）
7	ストラット　前	2	64.00	34.70	¥2,220.80	鉄（H３）
8	ドライブシャフト　後	2	19.50	34.70	¥676.65	鉄（H３）
9	トランク	1	16.00	34.70	¥555.20	鉄（H３）
10	ハブ　後	2	41.00	34.70	¥1,422.70	鉄（H３）
11	フェンダー	2	9.00	34.70	¥312.30	鉄（H３）
12	プロペラシャフト	1	12.00	34.70	¥416.40	鉄（H３）
13	ボンネット	1	20.50	34.70	¥711.35	鉄（H３）
14	マフラー	1	23.50	34.70	¥815.45	鉄（H３）
15	メンバー　後	1	57.00	34.70	¥1,977.90	鉄（H３）
16	メンバー　前	1	21.00	34.70	¥728.70	鉄（H３）
17	ラック＆ピニオン	1	8.50	34.70	¥294.95	鉄（H３）
18	ロアアーム	2	4.50	34.70	¥156.15	鉄（H３）
19	ラジエター	1	4.40	120.00	¥528.00	アルミ
20	クーラーコンデンサー	1	2.80	120.00	¥336.00	アルミ
21	エバポレーター	1	3.50	70.00	¥245.00	モーター
22	パワーウィンドウモーター	4	6.80	70.00	¥476.00	モーター
23	ヒーターコア	1	1.50	70.00	¥105.00	モーター
24	ブロアーモーター	1	0.50	70.00	¥35.00	モーター
25	ワイパーモーター	1	1.50	70.00	¥105.00	モーター
26	エンジン	1	296.00	63.00	¥18,648.00	白黒エンジン
27	コンピューターボックス	3	2.00	50.00	¥100.00	その他
28	コンプレッサー	1	8.00	80.00	¥640.00	その他
29	触媒	1	4.00	8,600.00	¥8,600.00	その他
30	セル	1	5.00	160.00	¥800.00	その他
31	ダイナモ	1	5.50	160.00	¥880.00	その他
32	タイヤ・アルミ	4	－	1,300.00	¥5,200.00	その他
33	ハーネス	1	21.50	32.00	¥688.00	その他
34	バッテリー	1	18.00	82.00	¥1,476.00	その他
35	ヒューズボックス	1	1.50	50.00	¥75.00	その他
36	ヘッドライト	2	5.60	18.90	¥105.84	AP
37	アンテナ	1	1.00	18.90	¥18.90	AP
38	イグナイザー	1	1.50	18.90	¥28.35	AP
39	ガソリンポンプ	1	3.00	18.90	¥56.70	AP
40	シート	3	65.50	18.90	¥1,237.95	AP
41	ステアリングポスト	1	10.50	18.90	¥198.45	AP
42	ダストブーツ	1	143.00	18.90	¥2,702.70	AP
43	テールライト	2	2.00	18.90	¥37.80	AP
44	ドア	4	97.00	18.90	¥1,833.30	AP
45	ドアミラー	2	2.50	18.90	¥47.25	AP
46	バンパー(エクステンション)	2	14.00	18.90	¥264.60	AP
47	バンパー前後	2	9.50	18.90	¥179.55	AP
48	ブレーキマスター	1	5.00	18.90	¥94.50	AP

49	フロントグリル	1	1.00	18.90	¥18.90	AP
50	ホーン	2	2.50	18.90	¥47.25	AP
51	ボディー（ガラ）	1	274.00	18.90	¥5,178.60	AP
52	ラジカセ	1	3.00	18.90	¥56.70	AP
合計		78	1,359.60	－	¥62,720.89	－

注：触媒とタイヤ・アルミの単価は1個当たりの金額である。重量合計1,081.50kgにはタイヤ・アルミの重量を含めない。

出所：H社提供資料を一部加筆。

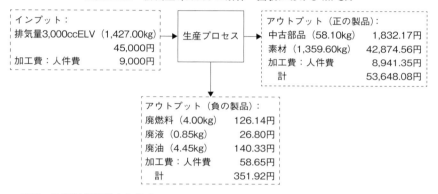

図表7.4.10　排気量3,000ccの解体・回収におけるMFCA

出所：H社提供資料より作成。

つまり，生産プロセスにインプットされた排気量3,000ccのELVの仕入価格（つまり原材料費）をH社における仕入実績額の45,000円と仮定した場合，この45,000円を正の製品と負の製品の重量比を基準として，正の製品と負の製品へ配分することになる。

ここでは，正の製品の重量は1,417.70kg（中古部品の58.10kg＋素材の1,359.60kg）であり，負の製品の重量は9.30kg（廃燃料4.00kg＋廃液0.85kg＋廃油4.45kg）である。仕入価格（つまり原材料費）の金額である45,000円を重量比で配分すると，正の製品である中古部品は1,832.17円，素材は42,874.56円であり，負の製品である廃燃料は126.14円，廃液は26.80円，廃油は140.33円である。

以上は，インプットされた原材料費を，正の製品と負の製品に配分したのであるが，MFCAでは，原材料費に加えて，生産プロセスで発生する加工

費についても，正の製品と負の製品の重量比を基準として，正の製品と負の製品へ配賦する。

H社においては，先述の排気量2,000ccと同様に，加工費として，解体・回収に掛かる人件費が考えられる。排気量3,000ccのELV1台の解体・回収に掛かる時間はH社において6時間である。人件費は，日本ELVリサイクル機構の連携高度化事業において示された1時間当たり1,500円を用いると，解体・回収に掛かる人件費は9,000円である。

この人件費（つまり加工費）の9,000円を正の製品と負の製品の重量比を基準として配賦をすると，正の製品の金額は8,941.35円，負の製品の金額は58.65円である。

つまり，排気量3,000ccのセドリックの場合には，正の製品の金額（つまり販売した製品の原価）は，中古部品1,832.17円，素材42,874.56円，および人件費8,941.35円の合計53,648.08円である。

また，負の製品の金額は，廃燃料126.14円，廃液26.80円，廃油140.33円，および人件費58.65円の合計351.92円である。

4.5 アウトプットデータ集計

排気量別に回収実証試験結果をまとめてみよう（図表7.4.11参照）。

ポイントは，手解体によって，どれだけの部品を，中古部品ではなく，鉄・非鉄等，つまり素材・資源になると言う意味での「マテリアル」として，回収・売却ができるのかと言う点である。

よって，図表7.4.11における，正の製品のうち「素材」に注目したい。

排気量660ccにおける素材の割合は重量では85.1%，金額では40.00%である。次に，排気量1,300ccにおける素材の割合は重量では74.50%，金額では54.80%である。そして，排気量2,000ccにおける素材の割合は重量では90.20%，金額では73.60%である。さらに，排気量3,000ccにおける素材の割合は重量では95.30%，金額では79.40%である。

つまり，従来は，素材，つまり資源としてではなく，部品としてリサイクルされていたものが，手解体によって，素材・資源として有効利用される可能性が，各排気量においてかなり高いことが，データによって明確になった

と言えるであろう。

また，図表7.4.12に示したように，回収した部品を素材として売却する売却価格と，自動車リサイクル法によってフロン類の回収とエアバックの取り外しを実施した際に受け取ることができるフロン類等の回収取外収入からなる収入から，廃液の処分に掛かる廃液処分費用と，製品の原価（正の製品の金額）を差し引いた金額である収支金額は，すべての排気量において，プラスとなっており，現時点において，手による解体・回収によって細かな部品を取り外し，素材として売却することで，利益を得ることが可能と言える。

しかし，各種部品と同様に，排気量別のELV1台についても，重要な点は，収支金額よりも，アウトプットされた素材とその重量である。つまり，

図表7.4.11　排気量別のアウトプットデータ集計表

重量・金額	データ	正の製品	(正の製品の内訳)			負の製品	(負の製品の内訳)				合計
			中古部品	素材	人件費		廃燃料	廃液	廃油	人件費	
660cc	重量(kg)	668.75	85.05	583.70	-	17.25	12.00	1.85	3.40	-	686.00
	割合	97.5%	12.4%	85.1%		2.5%	1.7%	0.3%	0.5%		100.0%
	金額(円)	16,572.53	991.84	6,807.00	8,773.69	427.47	139.94	21.57	39.65	226.31	17,000.00
	割合	97.5%	5.8%	40.0%	51.6%	2.5%	0.8%	0.1%	0.2%	1.3%	100.0%
1,300cc	重量(kg)	938.80	216.10	722.70	-	31.20	22.00	3.85	5.35	-	970.00
	割合	96.8%	22.3%	74.5%		3.2%	2.3%	0.4%	0.6%		100.0%
	金額(円)	32,906.40	5,569.59	18,626.29	8,710.52	1,093.61	567.01	99.23	137.89	289.48	34,000.01
	割合	96.8%	16.4%	54.8%	25.6%	3.2%	1.7%	0.3%	0.4%	0.9%	100.0%
2,000cc	重量(kg)	1,177.80	96.30	1,081.50	-	21.20	13.00	2.85	5.35	-	1,199.00
	割合	98.2%	8.0%	90.2%		1.8%	1.1%	0.2%	0.4%		100.0%
	金額(円)	48,133.62	3,212.68	36,080.07	8,840.87	866.38	433.69	95.08	178.48	159.13	49,000.00
	割合	98.2%	6.6%	73.6%	18.0%	1.8%	0.9%	0.2%	0.4%	0.3%	100.0%
3,000cc	重量(kg)	1,417.70	58.10	1,359.60	-	9.30	4.00	0.85	4.45	-	1,427.00
	割合	99.3%	4.1%	95.3%		0.7%	0.3%	0.1%	0.3%		100.0%
	金額(円)	53,648.08	1,832.17	42,874.56	8,941.35	351.92	126.14	26.80	140.33	58.65	54,000.00
	割合	99.3%	3.4%	79.4%	16.6%	0.7%	0.2%	0.0%	0.3%	0.1%	100.0%

出所：筆者作成。

図表7.4.12　排気量別の収支金額計算

収支金額 排気量	①収　入		②支　出		収支金額 (①-②)
	売却価格 (素材として売却)	フロン類等の 回収取外収入	廃液処分費用	製品の原価 (正の製品の金額)	
660cc	23,421.98 円	2,305.00 円	18.50 円	16,572.53 円	9,135.95 円
1,300cc	31,427.23 円	2,305.00 円	38.50 円	32,906.40 円	787.33 円
2,000cc	53,314.80 円	2,305.00 円	28.50 円	48,133.62 円	7,457.68 円
3,000cc	62,720.89 円	2,305.00 円	8.50 円	53,648.08 円	11,369.31 円

出所：筆者作成。

　回収される素材の種類と重量を増やす工夫，回収される素材の純度を上げる工夫，および手による解体・回収方法の他に，破砕選別等の他の方法の開発によって，アウトプットされる素材の種類と重量を増やすことが考えられる。これによって，正の製品の増加と負の製品の削減を，重量ベースと金額ベースの両方において可能とさせるであろう。

5　小括

　本章では，従来の操業で行われている生産プロセスに対して，新たな資源の有効利用方法を提案するMFCAの作成を試みた。

　具体的には，自動車解体業H社の「マテリアル回収工程」を対象とし，MFCAの作成において原則的な方法とされる原材料の重量比による正の製品と負の製品への配分・配賦方法によって，試案のMFCAの作成を行った。

　作成したMFCAは2種類あり，各種部品を対象としたMFCAと，ELV1台を対象としたMFCAである。これらを，H社で行われた回収実証試験のデータを利用して作成した。

　その結果，前掲の図表7.3.6にあるように，各種部品については，5品目すべてにおいて，MFCAを作成したところ，生産プロセスからアウトプットされる負の製品の重量はゼロ，および金額はゼロ円であった。

　つまり，各種部品においては，負の製品の発生が重量ベースと金額ベース共に0％であり，生産プロセスへインプットされたコンピュータBOXのす

べてを，廃棄することなく，資源として有効利用される可能性があることが示されたと言えるであろう。

次に，ELV 1台については，前掲の図表7.4.11にあるように，正の製品のうち「素材」の割合を見ると，排気量660ccは重量では85.1%，金額では40.0%である。次に，排気量1,300ccは重量では74.5%，金額では54.8%である。そして，排気量2,000ccは重量では90.2%，金額では73.6%である。さらに，排気量3,000ccでは重量では95.3%，金額では79.4%である。

つまり，従来は，素材，つまり資源としてではなく，部品としてリサイクルされていたものが，手解体によって，素材・資源として有効利用される可能性が，各排気量においてかなり高いことが，データによって明確になったと言えるであろう。

本章では，従来の操業で行われている生産プロセスに対して，新たな資源の有効利用方法を提案するMFCAの作成を試みたのであるが，静脈産業である自動車解体業H社が，有用部品に含まれる有価金属の回収によって，資源の有効利用に貢献可能であることを，重量（個数）と金額情報によるMFCAによって明らかにすることができたと考えられる。

次章では，ELVの再資源化に関与するサプライチェーンを通じた「マテリアル回収工程」を対象とし，資源の有効利用の方法を提案することを目的とした試案のMFCAについて考えることとする。

（注）
1 トヨタ・スターレットの車輛重量は，新車販売後15年落ちの車輛と想定して，次のURLの重量を用いる。http://cdn.toyota-catalog.jp/catalog/pdf/starlet-2-i/starlet-2-i_199810.pdf
2 トヨタ・スターレットの車輛重量は，新車販売後15年落ちの車輛と想定して，次のURLの重量を用いる。http://cdn.toyota-catalog.jp/catalog/pdf/starlet-2-i/starlet-2-i_199810.pdf
3 日本ELVリサイクル機構［2013］参照。
4 トヨタ・スターレットの車輛重量は，新車販売後15年落ちの車輛と想定して，次のURLの重量を用いる。http://cdn.toyota-catalog.jp/catalog/pdf/starlet-2-i/starlet-2-i_199810.pdf
5 トヨタ・スターレットの車輛重量は，新車販売後15年落ちの車輛と想定して，次のURLの重量を用いる。http://cdn.toyota-catalog.jp/catalog/pdf/starlet-2-i/starlet-2-i_199810.pdf

6　トヨタ・スターレットの車輌重量は，新車販売後15年落ちの車輌と想定して，次のURLの重量を用いる。http://cdn.toyota-catalog.jp/catalog/pdf/starlet-2-i/starlet-2-i_199810.pdf

7　トヨタ・スターレットの車輌重量は，新車販売後15年落ちの車輌と想定して，次のURLの重量を用いる。http://cdn.toyota-catalog.jp/catalog/pdf/starlet-2-i/starlet-2-i_199810.pdf

第 8 章
自動車静脈系サプライチェーンのマテリアル回収工程における，提案型の MFCA

1 はじめに

　MFCA は，2 社以上からなるサプライチェーンに対しての適用が促進されている。たとえば，経済産業省では，2008年度からの 3 年間，「サプライチェーン省資源化連携促進事業」を実施し，効果が得られた事例が数多く示されている[1]。

　國部[2011]によれば，生産プロセスにおいて発生するロスには，いくつかの種類があり，製造に関連して，材料の形状に起因するロス，品質基準を満たさないことによるロス，製品の設計方法に起因するロス，および，生産管理，購買管理上の生産情報の問題によって生じるロスがある。これらのロスをサプライチェーンにおいて削減するために，MFCA をサプライチェーンへ適用する際には，情報共有の課題を克服すればよいとされる[2]。

　この点について，使用済自動車（以下，ELV と言う）に関するサプライチェーン各社が参加する「広島資源循環プロジェクト」では，自動車解体業者，破砕業者，製錬やセメント会社等の再資源化業者によって，常に，情報交換・共有が図られているため，MFCA をサプライチェーンへ適用する際の情報共有が可能であり，ELV 由来の廃ガラスを資源として有効利用する方法を見出すことができるであろう。

　前章では，自動車解体業を対象とした試案 MFCA を示したが，ELV の再利用・再資源化には自動車解体業だけでなく，いくつかの業態が関連している。本章では，いくつかの業態のつながりを「自動車静脈系サプライチェーン」と称し，ELV の再資源化に関与するサプライチェーンにおける資源の

有効利用の方法を提案することを目的とした MFCA の作成を試みたい。具体的には，自動車静脈系サプライチェーンが，「廃ガラス」のマテリアルリサイクルに貢献可能であることを，データによって証明できればと考えている。なお，「広島資源循環プロジェクト」の参加企業から，2011年度・2012年度の研究会におけるデータを，本書において使用することの承認を頂いた。本章におけるデータの一部は，「広島資源循環プロジェクト」によるものである。

2 自動車静脈系サプライチェーンにおける MFCA の定義

2.1 MFCA の適用範囲

ELV は，我が国では，年間約350万台の使用済自動車が発生し，これらは，自動車リサイクル法の下で，静脈系サプライチェーンによって適正に処理がされ，そのリサイクル率は約95％と言われている[3]。しかし，同法におけるリサイクルでは，ELV の破砕くずであるシュレッダーダストと，エアバッグ類，およびフロン類を対象としており，フロントガラスやドアガラス等の廃ガラスについては対象物品とはされていない。つまり，ガラスについては，中古部品としてのパーツリサイクル，または素材・資源としてのマテリアルリサイクルは想定されていないと言える。

また，筆者が行った ELV の解体業者へのヒアリングでは，ガラスについては，中古部品または素材・資源としての回収は，販路がないため行わないとの回答であった。つまり，現状，「廃ガラス」は，自動車の車体と一緒に破砕がされ，中古部品や素材・資源としてのリサイクルがほとんど行われておらず，熱回収によるリサイクルであるサーマルリサイクルが行われているのである[4]。

この状況は，自動車解体現場を見ると，廃ガラスを中古部品として利用することに関しては安価な新品のガラスに押されてしまい，取り外しても売れないと言う状況による。また，素材・資源のリサイクルの現場を見ると，廃ガラスをリサイクル素材・資源として利用することについては，ガラスに金

属など不純物が混入しないこと，色別に分別し，同色の製造原料として処理すること，と言う技術的な要件が求められ，リサイクルには技術と手間がかかることによるものと考えられる。

そこで，ELV に関わる，解体業者・シュレッダー業者・ASR 再資源化業者からなるサプライチェーンにおいて，「廃ガラス」のマテリアルリサイクルによる有効利用の方法を提案することを目的とした MFCA の作成を試みたい。つまり，自動車解体業者だけではなく，サプライチェーンを通じて，「廃ガラス」が資源としてリサイクルされる可能性を見いだせないか，と言うことである。

具体的には，ELV 由来の廃ガラスを対象として，それをリサイクルしない従来からのフローと，リサイクルした場合における新しいフローとを，MFCA によって作成し，廃ガラスをリサイクルすることによる物量と金額の把握を行いたい。

2.2 課題と定義

自動車静脈系サプライチェーンの試案 MFCA を作成するにあたり，いくつか検討すべきことがある。

まず，「正の製品」と「負の製品」の定義である。

本章では，後述するように，従来のプロセスでは，解体業者による解体工程，破砕業者によるシュレッダー工程，そして ASR 再資源化業者による溶融工程，乾留工程，およびダスト選別工程を想定している（後掲，図表8.2.3参照）。

また，資源の有効利用の方法を提案する新規のプロセスにおいては，解体業者による解体工程，破砕業者によるシュレッダー工程，解体業者による廃ガラス分別工程，ASR 再資源化業者による溶融工程・乾留工程・ダスト選別工程，ガラス再資源化業者によるガラス分離工程（湿式）とガラス分離工程（乾式）を想定している（後掲，図表8.2.4参照）。

そこで，業者による各工程のうち，次の工程へと流れるものを「正の製品」，および廃棄されるものを「負の製品」と定義する。

次に，「重量の把握」についてである。

前章の H 社の試案 MFCA では，重量によって製品を把握することが可能であるため，正の製品と負の製品を重量で把握した。本章でも同様に，MFCA の対象を，鉄・非鉄等，つまり「マテリアル」の生産とするため，部品の生産とは異なり，生産プロセスからアウトプットされた正の製品と負の製品を重量で把握することが可能である。よって，試案 MFCA では，正の製品と負の製品を重量によって把握する。

　そして，「原材料費」についてである。

　生産プロセスの各工程へインプットされた原材料費の仕入金額を「ゼロ円」とし，工程からアウトプットされた正の製品と負の製品の重量に「市場価格」を乗じて，正の製品と負の製品の金額を把握する。

　さらに，「加工費」の範囲と配賦方法についてである。前章の H 社と同様

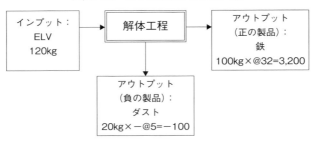

図表8.2.1　例：本章における MFCA

出所：筆者作成。

図表8.2.2　例：本章におけるアウトプットデータ集計表

正の製品 負の製品 加工費	品　目	従来プロセス（ガラス有り）			
		重量（kg）	重量の割合（%）	金額（円）	金額の割合（%）
正の製品	鉄	100	83.34%	3,200	103.23%
負の製品	ダスト	20	16.67%	-100	-3.23%
小計		120	100.00%	3,100	100.00%
加工費	人件費(車輌解体)(分)	10		-100	
総計（単位：円）				3,000	

出所：筆者作成。

に，加工費として，解体・回収に掛かる人件費を想定し，さらに，機械設備を使用する際の電気料金が把握できる場合には，電気料金も加工費とする。

　加工費の配賦については，前章のH社では正の製品と負の製品の重量比を基準として，加工費を正の製品と負の製品へ配賦した。しかし，本章の試案MFCAでは，これまでの試案MFCAと異なり，加工費を正の製品と負の製品へ配賦しない。本試験の参加企業より，実務上，加工費が把握しやすい集計方法を望むとの意見があったため，加工費は，マイナスの金額とし，正の製品の金額と合算する。

　ここまでの定義を図表8.2.1で確認をしよう。

　たとえば，解体工程へELVがインプットされる。そして，解体工程からは，正の製品である鉄と，負の製品であるダストがアウトプットされる。

　では，この解体工程に関するデータをどのように収集するか，である。

　まず，解体工程からアウトプットされた正の製品である鉄の重量と負の製品であるダストの重量を把握する。そして，鉄の重量100kgに市場価格の1kg当たり32円を乗じて，正の製品の金額を3,200円と把握する。

　同様にダスト20kgに処分費用の1kg当たり5円（処分費用はマイナス金額とする）を乗じて負の製品の金額を－100円と把握する。

　さらに，解体工程において解体に掛かる時間が10分の場合には10分に人件費の1分当たり10円（加工費である人件費はマイナス金額とする）を乗じて加工費の金額を－100円と把握する。しかし，上述したように，本章の試案MFCAでは，加工費を正の製品と負の製品へ配賦しない。加工費は，負の製品と同様に，マイナスの金額とし，正の製品の金額と合算する。

　最終的に，図表8.2.1の解体工程は，図表8.2.2に示すアウトプットデータ集計表を作成し，品目ごとの物量と金額，およびそれらの割合の集計を行い，さらに，（正の製品3,200円）＋（負の製品－100円）＋（加工費－100円）＝3,000円の計算式によって，従来プロセスの金額を3,000円と集計を行う。そして，（ここでは示していないが）新規プロセスの金額も集計し，「新規プロセス金額－従来プロセス金額」の計算式によって，新規プロセスの導入による効果を金額情報として示すものである。

2.3 従来プロセスと新規プロセスの概要

本書における,「従来プロセス」の概要は以下の図表8.2.3であり,「新規プロセス」の概要は以下の図表8.2.4である。

図表8.2.3の「従来プロセス」から見ていこう。ELVは,解体業者による「解体工程」へインプットされ,中古部品等を取り外した後の車体を意味する「廃車ガラ」と,中古部品として販売するための「部品等」がアウトプットされる。そして,中古部品は消費者へ販売され,「廃車ガラ」は,シュレッダー業者による「シュレッダー工程」へ流れる。

「シュレッダー工程」では,廃車ガラを破砕し,破砕くずを分別することで,「ASR(破砕くず)」,「鉄」,および「非鉄」がアウトプットされる。そして,「鉄」と「非鉄」は有価物として売却がされ,「ASR」は再資源化業者による「溶融工程・乾留工程・ダスト選別工程」へ流れる。

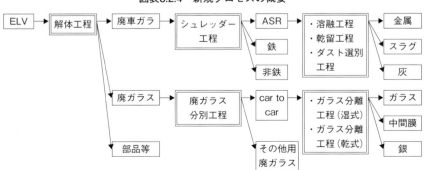

図表8.2.3 従来プロセスの概要

出所:筆者作成。

図表8.2.4 新規プロセスの概要

出所:筆者作成。

この再資源化業者には，セメント会社が保有するガス化溶融設備の「溶融工程」，ガス会社が保有する乾留設備の「乾留工程」，およびシュレッダー会社が保有する設備の「ダスト選別工程」が考えられるのであるが，本書では，これら3つを比較することとする。

　次に，図表8.2.4の「新規プロセス」を見てみよう。ここでは，従来の工程へ，新たに「廃ガラス分別工程」と「ガラス分離工程」を加えて，5つの工程を想定している。

　この「新規プロセス」では，解体業者による「解体工程」から，新たに「廃ガラス」がアウトプットされ，解体業者による「廃ガラス分別工程」へと流れる。そして，「廃ガラス分別工程」では，自動車用の板ガラスの原料として再利用される「car to car」と，自動車以外のその他の製品の原料として再利用される「その他用廃ガラス」がアウトプットされる。そして，「car to car」はガラス分離業者による「ガラス分離工程（湿式）・ガラス分離工程（乾式）」へと流れる。

　「ガラス分離工程（湿式）・ガラス分離工程（乾式）」では，廃ガラスから膜等の分離処理・分別処理が行われ，「ガラス」，ガラスに貼られている膜である「中間膜」，および主にガラスに貼られている熱線に含まれる「銀」が，アウトプットされる。ガラスの分離方法には，廃ガラスを液に浸す方法の「湿式」と，廃ガラスを粉砕しエアーによって選別を行う「乾式」が考えられ，本書では，この2つの方法を比較することとする。

2.4 各工程と担当企業

　本書では，従来プロセスと新規プロセスにおける各工程（各業者）へインプット・アウトプットされる物質の，物量と金額の集計を行うものである。各工程の調査に関しては，以下の図表8.2.5に示す研究メンバーへ依頼を行い，データの提出を受けるとともに，ガラスタイルや発泡ガラスの製造原料としての廃ガラスの販売価格に関しては，ガラス再資源化協議会技術部会よりデータの提供を受ける。

図表8.2.5 各工程と担当企業

工程名	担当企業
解体工程	A株式会社
シュレッダー工程	B株式会社
廃ガラス分別工程	A株式会社
溶融工程	C株式会社
乾留工程	D株式会社
ダスト選別工程	B株式会社
ガラス分離工程（湿式）	株式会社E，ガラス再資源化協議会技術部会
ガラス分離工程（乾式）	B株式会社，ガラス再資源化協議会技術部会

出所：筆者作成。

2.5 各工程のフロー

では，解体工程，シュレッダー工程，溶融工程，乾留工程，ダスト選別工程，廃ガラス分別工程，そしてガラス分離工程の順に各工程のフローを詳しく見ていこう。

2.5.1 解体工程

解体工程では，ELV が工程にインプットされると，中古部品としての価値があるかどうかのチェックを行い，中古部品として販売する「部品等」の回収を行う（以下の**写真8.2.1**参照）。次に，原材料としての価値がある部分，たとえば，配線（ハーネスと言う）は銅分が多く含まれているため回収される（以下の**写真8.2.2**参照）。そして，部品等を取り外した後の車体部分である「廃車ガラ」をサイコロ状にプレス加工し，次の，シュレッダー工程へと流す（以下の**図表8.2.6**，**写真8.2.3**参照）。

上述の従来プロセスに加えて，新規プロセスでは，「廃ガラス」がアウトプットされる（以下の**図表8.2.7**参照）。廃ガラスの回収は，廃フロントガラスは電気カッターで切断を行い，それ以外の廃ガラスはハンマーで砕いて，回収を行う（以下の**写真8.2.4**，**8.2.5**参照）。そして「廃ガラス」は，次の廃ガラス分別工程へと流れる。

図表8.2.6　解体工程の従来プロセス

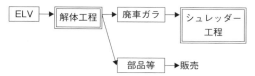

出所：筆者作成。

図表8.2.7　解体工程の新規プロセス

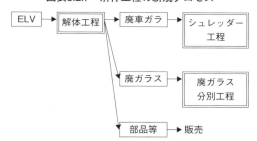

出所：筆者作成。

写真8.2.1　ELV から取り外された中古部品

出所：筆者撮影。

写真8.2.2　ELV から取り外されたハーネス

出所：筆者撮影。

写真8.2.3　サイコロ状プレスの廃車ガラ　　写真8.2.4　廃フロントガラスの回収

出所：筆者撮影。　　　　　　　　　　　　　出所：筆者撮影。

2.5.2　シュレッダー工程

　シュレッダー工程では，「廃車ガラ」が工程にインプットされると，それをほぐして破砕機に投入する（以下の写真8.2.6参照）。そして，「ASR」，「アルミ」，「銅」，「真鍮」，「丹入」，「ステンレス」，および「鉄」がアウトプットされる（以下の写真8.2.7，8.2.8参照）。「ASR」は次の工程に流れ，「アルミ」，「銅」，「真鍮」，「丹入」，「ステンレス」，および「鉄」は売却される。

　本工程で行う作業は，従来プロセスと新規プロセスにおいて同じである。

　しかし，新規プロセスでは前の解体工程において廃ガラスが回収されるため，廃ガラスの重量分だけ，シュレッダー工程からアウトプットされる

図表8.2.8　シュレッダー工程の（従来・新規）プロセス

出所：筆者撮影。

写真8.2.5　廃フロントガラスの回収

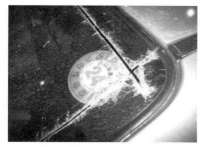

出所：筆者撮影。

写真8.2.6　重機でほぐされた廃車ガラ

出所：筆者撮影。

写真8.2.7　破砕機から出てきたASR

出所：筆者撮影。

写真8.2.8　破砕機から出てきた鉄

出所：筆者撮影。

「ASR」の重量が変化をする。

2.5.3　溶融工程

　溶融工程では，「ASR」がインプットされると，それをガス化溶融炉に投入する。そして，溶融炉から精製される可燃性ガスを燃焼することによって得られる「エネルギー」，「溶融メタル」，「溶融スラグ」，および「飛灰」がアウトプットされる。アウトプットのうち，「エネルギー」は自社内の関連会社へ販売され，「溶融メタル」，「溶融スラグ」，および「飛灰」については売却される。なお，処分されるもの（負の製品）はアウトプットされない（以下の図表8.2.9参照）。

　この工程で行う作業は，従来プロセスと新規プロセスにおいて，同じであ

図表8.2.9 溶融工程の（従来・新規）プロセス

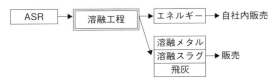

出所：筆者作成。

る。しかし，新規プロセスでは，前の工程で廃ガラスの重量分だけ量が減ったASRを補うために，他のもの（ASR等）が投入されることになる。その結果，廃ガラスの代替として投入したASRの分だけ回収エネルギーが高くなり，かつ回収される溶融メタルも増量となる。また，残渣である溶融スラグは減少し，飛灰については変化なしとなる。

2.5.4 乾留工程

乾留工程では，「ASR」がインプットされると，それを乾留炉（以下の写真8.2.9参照）へ投入する。そして，「熱エネルギー」，「金属」，「炭化品」がアウトプットされる。「金属」，「炭化品」は販売され，処分されるもの（負の製品）はアウトプットされないのであるが，「熱エネルギー」については，一部のエネルギーが乾留設備で利用され，余剰分は大気放散がされている（以下の図表8.2.10参照）。

この工程では，従来プロセスと新規プロセスにおいて，行う作業は同じであるが，新規プロセスにおいては，廃ガラスが先の工程で回収されたことによって，アウトプットされる「炭化品」の重量が従来プロセスよりも減量となる。

図表8.2.10 乾留設備の（従来・新規）プロセス

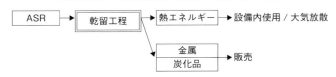

出所：筆者作成。

写真8.2.9　試験用の乾留設備

出所：筆者撮影。

2.5.5　ダスト選別工程

　ダスト選別工程では，「ASR」がインプットされると，それを選別設備へ投入し，「プラスチック」，「メッキプラ」，「鉄」，「アルミ」，「ステンレス」，「非鉄ミックス」，「金銀滓」，「配線屑」，「基板」，「ガラス」，および「ダスト」がアウトプットされる（以下の図表8.2.11，8.2.12，写真8.2.10参照）。

　この工程では，従来プロセスと新規プロセスにおいて，行う作業は同じである。

　しかし，新規プロセスでは，先の解体工程において廃ガラスが回収されるため，「ガラス」の重量が変化し，これによって，従来プロセスにおいて発

図表8.2.11　ダスト選別工程の従来プロセス

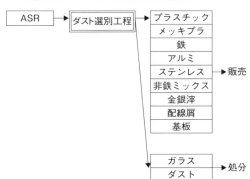

出所：筆者作成。

図表8.2.12　ダスト選別工程の新規プロセス

出所：筆者作成。

写真8.2.10　ダスト選別工程

出所：筆者撮影。

生していた処分費用が削減される。

　また，「ガラス」は，従来プロセスでは処分される物（負の製品）であったが，新規プロセスでは次の工程において使用されるもの（正の製品）となる。なお，解体工程において，廃ガラスがすべて回収されることはなく，ガラスの切端が残ることとなる。

2.5.6　廃ガラス分別工程

　新規プロセスにおいて追加される「廃ガラス分別工程」では，「廃ガラス」

図表8.2.13　新規プロセスにおける廃ガラス分別工程

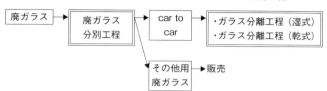

出所：筆者作成。

がインプットされ，自動車用板ガラスとして再資源化される「car to car」と，自動車以外の製品として再資源化される「その他用廃ガラス」がアウトプットされる（図表8.2.13参照）。

そして，「car to car」は，次の工程の「ガラス分離工程（湿式）・ガラス分離工程（乾式）」へ流れ，「その他用廃ガラス」は，ガラスタイルや発泡ガラスの製造業者へ販売される。

本工程において注意したい点は，廃ガラスが「car to car」と「その他用廃ガラス」に分別される点である。「car to car」として，フロントガラス，リアガラス，バックガラスが分別回収され，それ以外のガラスが「その他用廃ガラス」として回収される。

と言うのも，廃ガラスが再資源化されるためには，一般的な技術的要件として，色別に分別すること，ガラスに金属など不純物が混入しないことが挙げられるからである。そこで，純度が求められる自動車用板ガラス向けの「car to car」と，それ以外の廃ガラスである「その他用廃ガラス」に分別する本工程が重要となる。

2.5.7　ガラス分離工程（湿式）

新規プロセスにおいて追加される「ガラス分離工程」では，湿式と乾式の2つの方法を想定している。このうち，湿式については，廃ガラスから，ガラスに貼付されている膜（中間膜）と熱線に含まれる銀（Ag）とを，分離する技術に優れている。

ガラス分離工程（湿式）では，「自動車用ガラス」，「その他用廃ガラス」，

図表8.2.14 新規プロセスにおけるガラス分離工程（湿式）

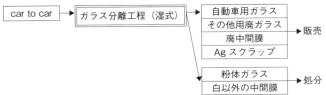

出所：筆者作成。

写真8.2.11 分離された中間膜

出所：筆者撮影。

写真8.2.12 分離された自動車用ガラス

出所：筆者撮影。

「廃中間膜」，「Agスクラップ」，「粉体ガラス」，および「白以外の中間膜」がアウトプットされる（図表8.2.14，写真8.2.11，8.2.12参照）。

これらのうち，「自動車用ガラス」，「その他用廃ガラス」，「廃中間膜」，「Agスクラップ」，「粉体ガラス」，および「白以外の中間膜」は販売がされる。そして，「粉体ガラス」と「白以外の中間膜」については処分がされる（負の製品となる）。

2.5.8 ガラス分離工程（乾式）

ガラス分離工程（乾式）では，「自動車用ガラス」，「その他用廃ガラス」，「Agスクラップ」，および「ダスト」がアウトプットされる（以下の図表8.2.15参照）。

これらのうち「自動車用ガラス」，「その他用廃ガラス」，「Agスクラップ」，および「ダスト」が販売され，「ダスト」については処分がされる（負の製品となる）。

図表8.2.15　新規プロセスにおけるガラス分離工程（乾式）

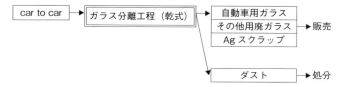

出所：筆者作成。

3 各工程の試案MFCAとアウトプットデータ集計表

　以下では，各工程からアウトプットされた物質の重量と金額を集計するのであるが，集計は，従来プロセスと新規プロセスについて「予測値」による試案MFCAの作成と，アウトプットデータ集計表の作成によって行いたい。

　ここで言う「予測値」とは，各企業の通常操業時のデータから推計された値であり，ELV1台を1,100kgと仮定し，解体工程において部品等（514.90kg）を取り外した後の廃車ガラの重量に対する，鉄・非鉄・ガラス・ASRを推計したものである（以下の図表8.3.1参照）。

　つまり，従来プロセスであれば，1台のELVが解体工程へインプットされると，廃車ガラ（586.10kg）と中古部品等がアウトプットされる。そして，廃車ガラ（586.10kg）が次の工程であるシュレッダー工程へインプットされ，シュレッダー工程からASR（195.70kg），鉄（380.80kg），および非鉄（9.60kg）がアウトプットされる。さらに，ASR（195.70kg）が次の工程である溶融工程・乾留工程・ダスト選別工程へインプットされる。

図表8.3.1　プロセス別，各品目の予測値（ELV1台当たり）

予測値 プロセス	廃車ガラ	廃ガラス	ASR	鉄	非鉄	car to car	その他用 廃ガラス
従来プロセス	586.10kg	−	195.70kg	380.80kg	9.60kg	−	−
新規プロセス	554.10kg	32.00kg	163.70kg	380.80kg	9.60kg	30.00kg	2.00kg

出所：A株式会社，ガラス再資源化協議会技術部会の提供資料より筆者作成。

新規プロセスであれば，1台のELVが解体工程へインプットされると，廃車ガラ（554.10kg）および廃ガラス（32.00kg）がアウトプットされる。このうち廃車ガラ（554.10kg）が次の工程であるシュレッダー工程へ，廃ガラス（32.00kg）が次の工程である廃ガラス分別工程へインプットされる。シュレッダー工程では，ASR（163.70kg），鉄（380.80kg），および非鉄（9.60kg）がアウトプットされる。このうち，ASR（163.70kg）が次の工程である溶融工程・乾留工程・ダスト選別工程へインプットされる。また，廃ガラス（32.00kg）が，廃ガラス分別工程へインプットされて，car to car（30.00kg），および，その他用廃ガラス（2.00kg）がアウトプットされる。このうち，car to car（30.00kg）が次の工程であるガラス分離工程（湿式）・ガラス分離工程（乾式）へインプットされると予測するものである。

なお，従来プロセスと新規プロセスを想定して，実際にELVの解体を行った「実測値」による集計も行っているが，本書では「予測値」のみとする。と言うのも，従来と新規プロセスにおいて，インプットされたELVの車種に，大きな違いが，結果として生じてしまったためである。

実測値における各50台の構成は，メーカー比率および車輌排気量を，従来プロセスと新規プロセスで，ほぼ同じになるようにした。たとえば，メーカー比率の設定は，現在の市場に出ているELVが販売された時期を約10年前と想定し，2002年4月～2003年3月までの自動車メーカー別販売比率を参考[5]にして，かつ，解体工程担当企業の通常操業に大きな影響を与えない範囲で行った結果，トヨタ12台・マツダ10台・ホンダ9台・スズキ5台・日産5台・ダイハツ4台・三菱3台・スバル2台の合計50台とした。しかし，結果として，ガラスの重量の差を超える廃車ガラの重量差が生じてしまい，プロセスの違いを明確にすることができなかった。

3.1 解体工程

解体工程の従来プロセスの試案MFCAは図表8.3.2であり，新規プロセスの試案MFCAは図表8.3.3である。

解体工程における正の製品は，廃車ガラ，廃ガラス（新規プロセスのみ集計），部品等であり，負の製品は不凍液である。このうち，部品等について

は，通常操業時において基本的に回収が行われる足回り，エンジン，アルミホイル，ハーネス，モーター類，ラジエター類，触媒，および（左記以外の）中古部品とする。

生産プロセスへインプットされた ELV については，金額をゼロ円とするため，試案 MFCA においては金額を表示していない。

また，正の製品については，アウトプットした各品目の重量に単価（市場価格である）を乗じて金額を集計する。

加工費である人件費については作業時間に 1 分当たりの人件費を乗じて金額

図表8.3.2　解体工程の従来プロセス

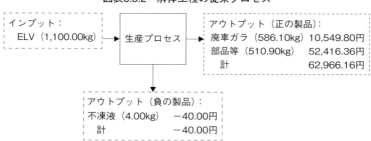

注：アウトプットの重量を合計すると，1,101.00kg であるが，1,100.00kg として集計をしている。1.00kg は部品等の集計から生じた誤差である。
出所：A 株式会社の提供資料より筆者作成。

図表8.3.3　解体工程の新規プロセス

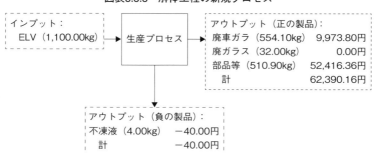

注：アウトプットの重量を合計すると，1,101.00kg であるが，1,100.00kg として集計をしている。1.00kg は部品等の集計から生じた誤差である。
出所：A 株式会社の提供資料より筆者作成。

を集計するが，本章の試案 MFCA では，加工費を正の製品と負の製品へ配賦しない。よって，試案 MFCA には加工費を示していない。加工費は，アウトプットデータ集計表において，負の製品と同様に，マイナスの金額として表示しており，プロセスの金額を集計する際に，正の製品の金額と合算をする。

なお，加工費は ELV の解体に掛かる人件費，および新規プロセスにおいては廃ガラスの除去に掛かる人件費も集計を行うが，解体に掛かる設備の電気料金に関するデータについては，データの提供を得ることができなかったため，集計をしていない。

そして，従来プロセスにおける「正の製品」，「負の製品」，および「加工費」の金額を合算した「従来プロセス金額」と，新規プロセスにおける「正の製品」，「負の製品」，および「加工費」の金額を合算した「新規プロセス金額」を算出したものが，図表8.3.4である。

図表8.3.4のアウトプットデータ集計表の最下段には，計算式「新規プロセス金額－従来プロセス金額」の差額金額を示している。

新規プロセスでは，廃ガラスが回収されるため，正の製品のうち，廃車ガ

図表8.3.4　解体工程のアウトプットデータ集計表（ELV 1 台当たり）

正の製品 負の製品 加工費	品　目	従来プロセス（ガラス有り）				新規プロセス（ガラス無し）			
		重量 (kg)	割合 (%)	金額 (円)	割合 (%)	重量 (kg)	割合 (%)	金額 (円)	割合 (%)
正の製品	廃車ガス	586.10	53.28%	10,549.80	16.77%	554.10	50.37%	9,973.80	16.00%
正の製品	廃ガラス					32.00	2.91%	0.00	0.00%
正の製品	部品等　足回り	165.00	15.00%	3,465.00	5.51%	165.00	15.00%	3,465.00	5.56%
正の製品	エンジン	230.00	20.91%	8,280.00	13.16%	230.00	20.91%	8,280.00	13.28%
正の製品	アルミホイル	22.00	2.00%	2,970.00	4.72%	22.00	2.00%	2,970.00	4.76%
正の製品	ハーネス	15.00	1.36%	4,200.00	6.67%	15.00	1.36%	4,200.00	6.74%
正の製品	モーター類	15.00	1.36%	1,380.00	2.19%	15.00	1.36%	1,380.00	2.21%
正の製品	ラジエター類	10.00	0.91%	500.00	0.79%	10.00	0.91%	500.00	0.80%
正の製品	触媒（1 個）	1.00	0.09%	4,800.00	7.63%	1.00	0.09%	4,800.00	7.70%
正の製品	中古部品	52.90	4.81%	26,821.36	42.62%	52.90	4.81%	26,821.36	43.02%
負の製品	不凍液	4.00	0.36%	-40.00	-0.06%	4.00	0.36%	-40.00	-0.06%
	小計	1,100.00	100.00%	62,926.16	100.00%	1,100.00	100.00%	62,350.16	100.00%
加工費	人件費（ELV の解体）（分）	23.00		-920.00		23.00		-920.00	
加工費	人件費（ガラスの除去）（分）					4.80		-192.00	
加工費	電気料金	非開示				非開示			
	総計（単位：円）			62,006.16				61,238.16	
	新規プロセス金額 － 従来プロセス金額							-768.00	

注：重量の小計は1,101.00kgであるが，1,100.00kgとして集計をしている。1.00kg は部品等の集計から生じた誤差である。

出所：A株式会社の提供資料より筆者作成。

ラが586.10kg（53.28%）から554.10kg（50.37%）へと減少し，新たに，廃ガラスの32.00kg（2.91%）が正の製品となることが予想される。負の製品については変化なしと予想される。

　金額については，廃ガラスが廃車ガラから回収されることによって，廃車ガラの重量と金額が減少することになる。廃車ガラの金額低下が影響し，従来プロセスでは62,006.16円であったのが，新規プロセスでは61,238.16円となり，新規プロセスによって768.00円の減額となることが予想される。

3.2　シュレッダー工程

　シュレッダー工程の従来プロセスの試案MFCAは図表8.3.5であり，新規プロセスの試案MFCAは図表8.3.6である。

　シュレッダー工程における正の製品は，ASR，アルミ，銅，真鍮，丹

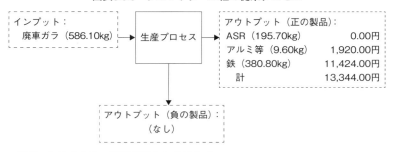

図表8.3.5　シュレッダー工程の従来プロセス

出所：B株式会社の提供資料より筆者作成。

図表8.3.6　シュレッダー工程の新規プロセス

出所：B株式会社の提供資料より筆者作成。

入，ステンレス，および鉄であり，負の製品は発生しない。

先述のように，生産プロセスへインプットされた廃車ガラについては，金額をゼロ円とするため，試案MFCAにおいては金額を表示していない。

また，正の製品については，アウトプットした各品目の重量に単価（市場価格である）を乗じて金額を集計する。なお，正の製品のうち，ASRを除く，アルミ，銅，真鍮，丹入，ステンレスに関するデータについては，詳細な重量は非公開であるため，合算した重量を示している。

解体工程と同様に，加工費である人件費については作業時間に1分当たりの人件費を乗じて金額を集計するが，試案MFCAでは，加工費を正の製品と負の製品へ配賦しない。よって，試案MFCAには加工費を示していない。加工費は，アウトプットデータ集計表において，負の製品と同様に，マイナスの金額として表示しており，プロセスの金額を集計する際に，正の製品の金額と合算をする。

なお，加工費である人件費と電気料金に関するデータについては，データの提供を得ることができなかったため，集計をしていない。

そして，従来プロセスにおける「正の製品」，「負の製品」，および「加工費」の金額を合算した「従来プロセス金額」と，新規プロセスにおける「正の製品」，「負の製品」，および「加工費」の金額を合算した「新規プロセス

図表8.3.7　シュレッダー工程のアウトプットデータ集計表（ELV1台当たり）

正の製品 負の製品 加工費	品目	従来プロセス（ガラス有り）				新規プロセス（ガラス無し）			
		重量 (kg)	割合 (%)	金額 (円)	割合 (%)	重量 (kg)	割合 (%)	金額 (円)	割合 (%)
正の製品	ASR	195.70	33.39%	0.00	0.00%	163.70	29.54%	0.00	0.00%
正の製品	アルミ								
正の製品	銅								
正の製品	真鍮	9.60	1.64%	1,920.00	14.39%	9.60	1.73%	1,920.00	14.39%
正の製品	丹入								
正の製品	ステンレス								
正の製品	鉄	380.80	64.97%	11,424.00	85.61%	380.80	68.72%	11,424.00	85.61%
	小計	586.10	100.00%	13,344.00	100.00%	554.10	100.00%	13,344.00	100.00%
加工費	人件費（分）	非開示		-		非開示		-	
加工費	電気料金	非開示		-		非開示		-	
	総計（単位：円）			13,344.00				13,344.00	
	新規プロセス金額 − 従来プロセス金額							0	

出所：B株式会社の提供資料より筆者作成。

金額」を算出したものが，図表8.3.7である。

図表8.3.7のアウトプットデータ集計表の最下段には，試算式「新規プロセス金額－従来プロセス金額」の差額金額を示している。

新規プロセスでは，正の製品である，アルミ等が9.60kg（1.73％），および鉄が380.80kg（68.72％）となり，重量は従来プロセスと同じであるが，アウトプットの重量に占める割合が高くなる。これは，ASRのインプット量が，新規プロセスでは減少したことによるものである。別言すれば，シュレッダー工程において，マテリアルリサイクルの割合が高くなることを意味している。

図表8.3.7のアウトプットデータ集計表の最下段がゼロ円になっているように，新規プロセスにおいて重量が減ったASRは，従来プロセス・新規プロセスともに評価金額がゼロ円であるため，両プロセスにおいてプロセス金額の変動はないことが予想される。

3.3 溶融工程

溶融工程の従来プロセスの試案MFCAは図表8.3.8であり，新規プロセスの試案MFCAは図表8.3.9である。

溶融工程における正の製品は，可燃性ガスの燃焼によって回収されたエネルギー，溶融メタル，溶融スラグ，飛灰であり，負の製品は発生しない。

本工程においても，生産プロセスへインプットされたASRについては金額をゼロ円とするため，試案MFCAにおいて金額を表示していない。

重量・金額データについては，担当企業であるC株式会社より提供を受けた，溶融設備においてASR1トンを処理した際の，従来プロセスと新規プロセスにおける推定値を基に，筆者が算出したものである[6]。溶融工程のデータで留意されたい点は，新規プロセスでは，廃ガラスが無くなった分だけ，溶融炉へインプットされるASRの重量が減量するのではないと言う点である。つまり，溶融炉では毎回一定量が投入されるため，廃ガラスが無くなった分だけ，別の投入物が溶融炉に投入されることになる。

本工程では，加工費である人件費と設備の電気料金に関するデータについては，データの提供を得ることができなかったため，集計をしていない。

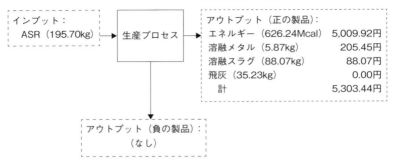

図表8.3.8　溶融工程の従来プロセス

出所：C株式会社の提供資料により筆者作成。

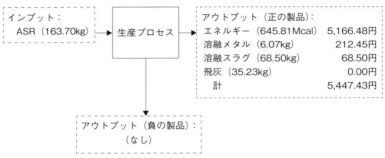

図表8.3.9　溶融工程の新規プロセス

出所：C株式会社の提供資料により筆者作成。

そして，従来プロセスにおける「正の製品」，「負の製品」，および「加工費」の金額を合算した「従来プロセス金額」と，新規プロセスにおける「正の製品」，「負の製品」，および「加工費」の金額を合算した「新規プロセス金額」を算出したものが，図表8.3.10である。

図表8.3.10のアウトプットデータ集計表の最下段には，計算式「新規プロセス金額－従来プロセス金額」の差額金額を示している。

新規プロセスでは，正の製品である，回収エネルギーが645.81Mcalとアップし，溶融工程におけるサーマルリサイクルの率が上がることが予想される。これは，新規プロセスにおける溶融工程では，廃ガラス由来のASRが減った分を補うために，別の投入物が溶融炉に投入されるためである。

図表8.3.10 溶融工程のアウトプットデータ集計表（ELV 1 台当たり）

正の製品 負の製品 加工費	品　目	従来プロセス（ガラス有り）				新規プロセス（ガラス無し）			
		重量 (kg)	割合 (%)	金額 (円)	割合 (%)	重量 (kg)	割合 (%)	金額 (円)	割合 (%)
正の製品	エネルギー (Mcal)	626.24	-	5,009.92	94.47%	645.81	-	5,166.48	94.84%
正の製品	溶融メタル	5.87	4.54%	205.45	3.87%	6.07	5.53%	212.45	3.90%
正の製品	溶融スラグ	88.07	68.19%	88.07	1.66%	68.50	62.39%	68.50	1.26%
正の製品	飛灰	35.23	27.28%	0.00	0.00%	35.23	32.09%	0.00	0.00%
負の製品	(なし)	0.00	0.00%	0.00	0.00%	0.00	0.00%	0.00	0.00%
	小計	129.17	100.00%	5,303.44	100.00%	109.80	100.00%	5,447.43	100.00%
加工費	人件費（分）			非開示	-			非開示	-
加工費	電気料金			非開示	-			非開示	-
	総計（単位：円）			5,303.44				5,447.43	
	新規プロセス金額 － 従来プロセス金額							143.99	

注：従来プロセスの重量の割合の小計は100.01％であるが100.00％として集計表示をしている。新規プロセスにおいても100.01％であるが100.00％として集計表示をしている。これは集計から生じた誤差である。

出所：C 株式会社の提供資料により筆者作成。

　また，新規プロセスにおいては，廃ガラス由来のASRが減少することによって，溶融メタル，溶融スラグ，および飛灰の総重量が129.17kgから109.80kgへと減少することが予想される。これらは，主に，路盤材としてマテリアルリサイクルが行われているため，溶融工程におけるマテリアルリサイクルの物質量が減少する可能性が予想される。

　金額では，回収エネルギーのアップと溶融スラグの増加の可能性から，143.99円の増額が新規プロセス導入によって予想される。

3.4 乾留工程

　乾留工程における従来プロセスの試案MFCAは図表8.3.11である。また，新規プロセスについては図表8.3.12である。

　乾留工程における正の製品は，熱エネルギー，金属，および炭化品であり，負の製品はアウトプットされない。

　本工程においても，生産プロセスへインプットされたASRについては金額をゼロ円とするため，試案MFCAにおいて金額を表示していない。

　アウトプットのうちエネルギーについて，および加工費の人件費と電気料金に関するデータについては，データの提供を得ることができなかったた

め，集計をしていない。

そして，従来プロセスにおける「正の製品」，「負の製品」，および「加工費」の金額を合算した「従来プロセス金額」と，新規プロセスにおける「正の製品」，「負の製品」，および「加工費」の金額を合算した「新規プロセス金額」を算出したものが，図表8.3.13である。

図表8.3.13のアウトプットデータ集計表の最下段には，計算式「新規プロセス金額－従来プロセス金額」の差額金額を示している。

新規プロセスでは，正の製品である炭化品の重量が50.50kg（87.83％）と少なくなることが予想される。これは，インプットされたASRに含まれる廃ガラスの重量が減量したことによるものである。炭化品と金属はマテリアルリサイクルが行われているため，乾留工程におけるマテリアルリサイクル

図表8.3.11　乾留工程の従来プロセス

インプット：	生産プロセス	アウトプット（正の製品）：
ASR（195.70kg）		熱エネルギー（データ無）
		金属（7.00kg）　　　　3.85円
		炭化品（80.50kg）　　44.28円
		計　　　　　　　　　48.13円

アウトプット（負の製品）：
（なし）

出所：D株式会社の提供資料により筆者作成。

図表8.3.12　乾留工程の新規プロセス

インプット：	生産プロセス	アウトプット（正の製品）：
ASR（163.70kg）		熱エネルギー（データ無）
		金属（7.00kg）　　　　3.85円
		炭化品（50.50kg）　　27.78円
		計　　　　　　　　　31.63円

アウトプット（負の製品）：
（なし）

出所：D株式会社の提供資料により筆者作成。

図表8.3.13　乾留工程のアウトプットデータ集計表（ELV 1 台当たり）

正の製品 負の製品 加工費	品　目	従来プロセス（ガラス有り）				新規プロセス（ガラス無し）			
		重量 (kg)	割合 (%)	金額 (円)	割合 (%)	重量 (kg)	割合 (%)	金額 (円)	割合 (%)
正の製品	熱エネルギー	データ無	-	-	-	データ無	-	-	-
正の製品	金属	7.00	8.00%	3.85	8.00%	7.00	12.17%	3.85	12.17%
正の製品	炭化品	80.50	92.00%	44.28	92.00%	50.50	87.83%	27.78	87.83%
負の製品	（なし）	0.00	0.00%	0.00	0.00%	0.00	0.00%	0.00	0.00%
	小計	87.50	100.00%	48.13	100.00%	57.50	100.00%	31.63	100.00%
加工費	人件費（分）	非開示		-		非開示		-	
加工費	電気料金	非開示		-		非開示		-	
	総計（単位：円）			48.13				31.63	
	新規プロセス金額 − 従来プロセス金額							-16.50	

出所：D 株式会社の提供資料により筆者作成。

の物質量が減少することが予想される。

金額では，炭化品の減少によって，16.50円の減額が新規プロセス導入によって予想される。

3.5 ダスト選別工程

ダスト選別工程の従来プロセスの試案 MFCA は図表8.3.14である。また，新規プロセスについては図表8.3.15である。

ダスト選別工程における正の製品は，プラスチック，メッキプラ，鉄，アルミ，ステンレス，非鉄ミックス，金銀滓，配線屑，基板であり，負の製品はダストである。品目のうち，ガラスについては，従来プロセスでは負の製品であるが，新規プロセスでは正の製品である。

本工程においても，生産プロセスへインプットされた ASR については金額をゼロ円とするため，試案 MFCA において金額を表示していない。

加工費である人件費と電気料金に関するデータについては，データの提供を得ることができなかったため，集計をしていない。

そして，従来プロセスにおける「正の製品」，「負の製品」，および「加工費」の金額を合算した「従来プロセス金額」と，新規プロセスにおける「正の製品」，「負の製品」，および「加工費」の金額を合算した「新規プロセス金額」を算出したものが，図表8.3.16である。

図表8.3.16のアウトプットデータ集計表の最下段には，計算式「新規プロ

セス金額－従来プロセス金額」の差額金額を示している。

従来プロセスでは，負の製品として廃ガラスが0.91kg（0.46%）発生していたが，新規プロセスでは，解体工程において廃ガラスが回収されるため，

図表8.3.14　ダスト選別工程の従来プロセス

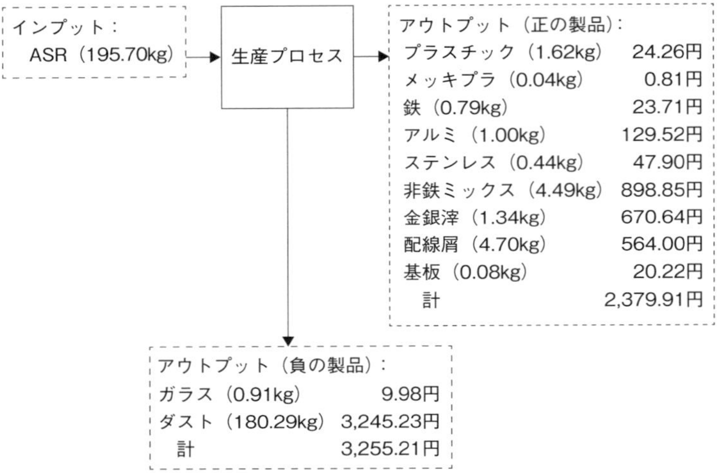

インプット：
ASR（195.70kg）　→　生産プロセス　→

アウトプット（正の製品）：
プラスチック（1.62kg）　　24.26円
メッキプラ（0.04kg）　　　 0.81円
鉄（0.79kg）　　　　　　　23.71円
アルミ（1.00kg）　　　　 129.52円
ステンレス（0.44kg）　　　47.90円
非鉄ミックス（4.49kg）　 898.85円
金銀滓（1.34kg）　　　　 670.64円
配線屑（4.70kg）　　　　 564.00円
基板（0.08kg）　　　　　　20.22円
　計　　　　　　　　　 2,379.91円

アウトプット（負の製品）：
ガラス（0.91kg）　　　　　 9.98円
ダスト（180.29kg）　　 3,245.23円
　計　　　　　　　　　 3,255.21円

出所：B株式会社の提供資料より筆者作成。

図表8.3.15　ダスト選別工程の新規プロセス

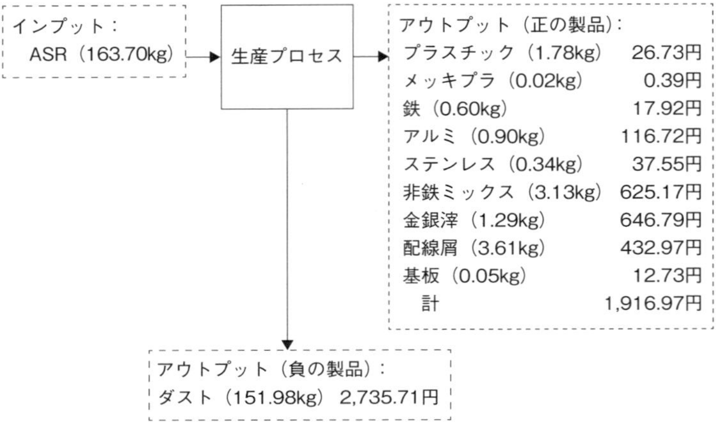

インプット：
ASR（163.70kg）　→　生産プロセス　→

アウトプット（正の製品）：
プラスチック（1.78kg）　　26.73円
メッキプラ（0.02kg）　　　 0.39円
鉄（0.60kg）　　　　　　　17.92円
アルミ（0.90kg）　　　　 116.72円
ステンレス（0.34kg）　　　37.55円
非鉄ミックス（3.13kg）　 625.17円
金銀滓（1.29kg）　　　　 646.79円
配線屑（3.61kg）　　　　 432.97円
基板（0.05kg）　　　　　　12.73円
　計　　　　　　　　　 1,916.97円

アウトプット（負の製品）：
ダスト（151.98kg）　　 2,735.71円

出所：B株式会社の提供資料より筆者作成。

図表8.3.16　ダスト選別工程のアウトプットデータ集計表（ELV 1 台当たり）

正の製品 負の製品 加工費	品　目	従来プロセス（ガラス有り）				新規プロセス（ガラス無し）			
		重量 (kg)	割合 (%)	金額 (円)	割合 (%)	重量 (kg)	割合 (%)	金額 (円)	割合 (%)
正の製品	プラスチック	1.62	0.83%	24.26	-2.77%	1.78	1.09%	26.73	-3.26%
正の製品	メッキプラ	0.04	0.02%	0.81	-0.09%	0.02	0.01%	0.39	-0.05%
正の製品	鉄	0.79	0.40%	23.71	-2.71%	0.60	0.37%	17.92	-2.19%
正の製品	アルミ	1.00	0.51%	129.52	-14.80%	0.90	0.55%	116.72	-14.26%
正の製品	ステンレス	0.44	0.22%	47.90	-5.47%	0.34	0.21%	37.55	-4.59%
正の製品	非鉄ミックス	4.49	2.29%	898.85	-102.69%	3.13	1.91%	625.17	-76.36%
正の製品	金銀滓	1.34	0.68%	670.64	-76.62%	1.29	0.79%	646.79	-79.00%
正の製品	配線屑	4.70	2.40%	564.00	-64.44%	3.61	2.21%	432.97	-52.88%
正の製品	基板	0.08	0.04%	20.22	-2.31%	0.05	0.03%	12.73	-1.55%
正の製品	ガラス					0.00	0.00%	0.00	0.00%
正の製品	ガラス	0.91	0.46%	-9.98	1.14%				
負の製品	ダスト	180.29	92.13%	-3,245.23	370.76%	151.98	92.84%	-2,735.71	334.14%
	小計	195.70	100.00%	-875.30	100.00%	163.70	100.00%	-818.74	100.00%
加工費	人件費（分）	非開示		-		非開示		-	
加工費	電気料金	非開示		-		非開示		-	
	総計（単位：円）			-875.30				-818.74	
	新規プロセス金額 － 従来プロセス金額							56.56	

注：従来プロセスの重量の割合の小計は99.98％であるが100.00％として集計表示
　　をしている。新規プロセスにおいても100.01％であるが100.00％として集計
　　表示をしている。これは集計から生じた誤差である。
出所：B株式会社の提供資料より筆者作成。

負の製品としての廃ガラスが発生しないことが予想される。また，廃ガラスが回収されることで，負の製品であるダストの重量が180.29kg（92.13％）から151.98kg（92.84％）と重量に占める割合はアップするが，重量は減少することが予想される。

金額については，正の製品のプラスチックを除いて，低下が予想される。しかし，負の製品であるダストの処理費用が下がることが予想されるため，新規プロセスの導入によって，56.56円の増額が予想される。

3.6　廃ガラス分別工程

廃ガラス分別工程は，従来プロセスでは行われていないため，ここでは，新規プロセスのみ集計をする。廃ガラス分別工程における新規プロセスの試案MFCAは図表8.3.17である。

正の製品は，car to carとその他用廃ガラスであり，負の製品はアウトプットされない。

図表8.3.17 廃ガラス分別工程のプロセス

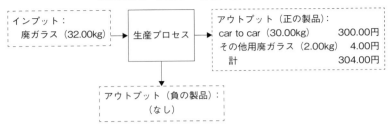

出所：A株式会社，ガラス再資源化協議会技術部会の提供資料より筆者作成。

図表8.3.18 廃ガラス分別工程のアウトプットデータ集計表（ELV 1 台当たり）

正の製品 負の製品 加工費	品　目	従来プロセス（ガラス有り）				新規プロセス（ガラス無し）			
		重量 (kg)	割合 (%)	金額 (円)	割合 (%)	重量 (kg)	割合 (%)	金額 (円)	割合 (%)
正の製品	car to car					30.00	93.75	300.00	98.68
正の製品	その他用廃ガラス					2.00	6.25	4.00	1.32
負の製品	(なし)					0.00	0.00%	0.00	0.00%
	小計					32.00	100.00%	304.00	100.00%
加工費	人件費（解体工程で計上）(分)					0.00		0.00	
加工費	電気料金					非開示		-	
	総計（単位：円）							304.00	

出所：A株式会社，ガラス再資源化協議会技術部会の提供資料より筆者作成。

　本工程においても，生産プロセスへインプットされた廃ガラスについては金額をゼロ円とするため，金額を表示していない。

　正の製品の単価は，ガラス再資源化協議会技術部会によるものである。

　加工費としてガラスの除去に掛かる人件費が発生するが，解体工程において廃ガラスの回収と分別が一連の作業において行われているため，解体工程で集計を行い，ここでは行わない。また，電気料金に関するデータについては，データの提供を得ることができなかったため，集計をしていない。

　そして，新規プロセスにおける「正の製品」，「負の製品」，および「加工費」の金額を合算した「新規プロセス金額」を算出したものが，図表8.3.18である。

　図表8.3.18のアウトプットデータ集計表の最下段が「新規プロセス金額」である。

新規プロセスでは，本工程において，新たに，正の製品として，car to car，つまり自動車用ガラス向けとしての廃ガラスが30.00kg（93.75％），およびその他用廃ガラスが2.00kg（6.25％）と予想される。また，負の製品は発生しないと予想される。

本工程における，ELV 1台から得られる金額は，正の製品である car to car とその他用廃ガラスから，合計304.00円と予想される。

3.7 ガラス分離工程（湿式）

ガラス分離工程（湿式）は，従来プロセスでは行われていないため，ここでは，新規プロセスのみ集計をする。ガラス分離工程（湿式）における新規プロセスの試案 MFCA は図表8.3.19である。

正の製品は，自動車用ガラス，その他用廃ガラス，廃中間膜，Ag スクラップであり，負の製品は，粉体ガラス，および白以外の中間膜である。また，加工費として，作業に従事する作業者の人件費と作業に掛かる機械の電気料金を集計する。

そして，新規プロセスにおける「正の製品」，「負の製品」，および「加工費」の金額を合算した「新規プロセス金額」を算出したものが，図表8.3.20である。

図表8.3.20のアウトプットデータ集計表の最下段が「新規プロセス金額」である。

新規プロセスでは，本工程の導入によって，新たに，正の製品として，自動車用ガラスが18.00kg（60.00％），その他用廃ガラスが6.00kg（20.00％），廃中間膜が0.70kg（2.33％），および Ag スクラップが0.003kg（0.01％）と予想される。

また，負の製品として粉体ガラスが5.00kg（16.67％），白以外の中間膜が0.30kg（1.00％）と予想される。

本工程では，正の製品である自動車用ガラス，その他用廃ガラス，廃中間膜，および Ag スクラップから合計で472.00円が，また，負の製品である粉体ガラス，および白以外の中間膜について合計で29.15円の処理費が，さらに，人件費，および電気料金が合計で98.00円と考えられる。よって，

図表8.3.19 ガラス分離工程（湿式）のプロセス

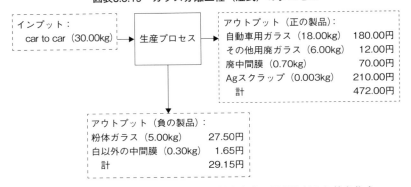

図表8.3.20 ガラス分離工程（湿式）のアウトプットデータ集計表（ELV 1 台当たり）

正の製品 負の製品 加工費	品目	従来プロセス（ガラス有り）				新規プロセス（ガラス無し）			
		重量(kg)	割合(%)	金額(円)	割合(%)	重量(kg)	割合(%)	金額(円)	割合(%)
正の製品	自動車用ガラス					18.00	60.00%	180.00	40.65%
正の製品	その他用廃ガラス					6.00	20.00%	12.00	2.71%
正の製品	廃中間膜					0.70	2.33%	70.00	15.81%
正の製品	Agスクラップ					0.003	0.01%	210.00	47.42%
負の製品	粉体ガラス					5.00	16.67%	-27.50	-6.21%
負の製品	白以外の中間膜					0.30	1.00%	-1.65	-0.37%
	小計					30.00	100.00%	422.85	100.00%
加工費	人件費（分）					0.02		-18.00	
加工費	電気料金					4.00		-80.00	
	総計（単位：円）							344.85	

注：重量と金額における割合はともに100.01%であるが100.00%として集計表示をしている。これは集計から生じた誤差である。

出所：株式会社E，ガラス再資源化協議会技術部会の提供資料より筆者作成。

ELV1台から得られる金額は344.85円と予想される。

3.8 ガラス分離工程（乾式）

ガラス分離工程（乾式）は従来プロセスでは行われていないため，ここでは，新規プロセスのみ集計をする。ガラス分離工程（乾式）における新規プロセスの試案 MFCA は図表8.3.21である。

正の製品は，自動車用ガラス，その他用廃ガラス，Agスクラップであ

図表8.3.21　ガラス分離工程（乾式）のプロセス

図表8.3.22　ガラス分離工程（乾式）のフローコスト計算

正の製品 負の製品 加工費	品　目	従来プロセス（ガラス有り）				新規プロセス（ガラス無し）			
		重量 (kg)	割合 (%)	金額 (円)	割合 (%)	重量 (kg)	割合 (%)	金額 (円)	割合 (%)
正の製品	自動車用ガラス					18.00	60.00%	180.00	61.22%
正の製品	その他用廃ガラス					6.00	20.00%	12.00	4.08%
正の製品	Agスクラップ					0.003	0.01%	210.00	71.43%
負の製品	ダスト					6.00	20.00%	-108.00	-36.73%
	小計					30.00	100.00%	294.00	100.00%
加工費	工賃（分）					非開示		-	
加工費	電気料金					非開示		-	
	総計（単位：円）							294.00	

注：重量の割合はともに100.01%であるが100.00%として集計表示をしている。
　　これは集計から生じた誤差である。
出所：ガラス再資源化協議会技術部会の提供資料より筆者作成。

り，負の製品はダストである。

　加工費である人件費と電気料金に関するデータについては，データの提供を得ることができなかったため，集計をしていない。

　そして，新規プロセスにおける「正の製品」，「負の製品」，「加工費」の金額を合算した「新規プロセス金額」を算出したものが，図表8.3.22である。

　図表8.3.22のアウトプットデータ集計表の最下段が「新規プロセス金額」である。

　新規プロセスでは，本工程の導入によって，新たに，正の製品として，自動車用ガラスが18.00kg（60.00%），その他用廃ガラスが6.00kg（20.00%），およびAgスクラップが0.003kg（0.01%）と予想される。また，負の製品としてダストが6.00kg（20.00%）と予想される。

本工程では，正の製品である自動車用ガラス，その他用廃ガラス，およびAgスクラップから合計で402.00円が，また，負の製品であるダストの処理費が108.00円と予想され，ELV 1台から得られる金額は294.00円と予想される。

4 小括

本章において述べたように，「廃ガラス」を資源として利用する新規プロセスにおいて，従来プロセスにはない新しい工程は，廃ガラス分別工程，ガラス分離工程（湿式），およびガラス分離工程（乾式）である。

新しい工程の物量情報について見てみると，廃ガラス分別工程では，正の製品が，car to car，つまり自動車用ガラス向けとしての廃ガラスが30.00kg（93.75%），およびその他用廃ガラスが2.00kg（6.25%）と予想される。

また，ガラス分離工程の湿式方法では，正の製品が，自動車用ガラスが18.00kg（60.00%），その他用廃ガラスが6.00kg（20.00%），廃中間膜が0.70kg（2.33%），およびAgスクラップが0.003kg（0.01%）と予想される。

さらに，ガラス分離工程の乾式方法においても，正の製品が，自動車用ガラスが18.00kg（60.00%），その他用廃ガラスが6.00kg（20.00%），およびAgスクラップが0.003kg（0.01%）と予想される。

つまり，新規プロセスの導入によって，新たに，正の製品がアウトプットすることを，データによって証明することができたと言える。

そして，金額情報について見てみると，新規プロセスの導入によって，従来からある工程では金額が減額となる工程も予想される。解体工程では768.00円，乾留工程では16.50円の減額が予想される。しかし，廃ガラス分別工程では304.00円，ガラス分離工程の湿式方法では344.85円，ガラス分離工程の乾式方法では294.00円が，ELV 1台から得られる金額になると予想される。

現状，ELV由来の廃ガラスについては，解体工程において回収されずに，次のシュレッダー工程へと流れてASRとなり，熱回収によるサーマルリサイクルが主となっている。素材・原料としてリサイクルされるマテリア

ルリサイクルがほとんど行われない状況である。しかし，本章におけるMFCAによって，ガラスを分別回収することが，正の製品を作り出し，資源循環につながる可能性が示されたと考えている。

つまり，自動車静脈産業のサプライチェーンにおける資源の有効利用の方法を提案することを目的としたMFCAの作成によって，自動車静脈産業のサプライチェーンが，「廃ガラス」のマテリアルリサイクルに貢献可能であることを，データによって証明することができたと言えるであろう[7]。

（注）
1　本事業は，企業間の連携等を促進することによって，サプライチェーン全体における資源投入量の抑制（資源生産性の向上）を図ることを目的としたものであり，支援対象となった診断企業チームを構成する各企業に対して，専門家から構成される診断員チームを派遣し，MFCA等の診断ツールを活用して製品設計・生産工程の診断を行い，省資源化につながる改善ポイントを明らかにする。そして，診断事例において効果が高かった事例をモデル化し，MFCAをサプライチェーンへ適用することの周知活動を行うものである。産業環境管理協会［2011］pp. 4 - 8 。
2　國部［2011］pp.76-78.
3　自動車リサイクル促進センターホームページ http://www.jarc.or.jp/automobile/manage/ を参照。
4　鵄［2014］p.78参照。
5　自動車工業会ホームページ http://jamaserv.jama.or.jp/newdb/index.html を参照。
6　以下の図表を参照。
　なお，本文における図表8.3.8, 8.3.9の試案MFCAと図表8.3.10の溶融工程のアウトプットデータ集計表は，ASRを1トン処理した際の推計値から，筆者が算出をしたものである。実際の操業におけるデータではない点と，新規プロセスの集計値は従来プロセスと同じASR重量（195.70kg）より算出している点に注意をされたい。

		1トン処理時の推定 従来プロセス	195.70kg処理時の推定 従来プロセス	1トン処理時の推定 新規プロセス	195.70kg処理時の推定 新規プロセス
エネルギー（可燃性ガス）	ASRから回収[Mcal]	2,900.00	-	3,000.00	-
	メタル生成熱[Mcal]	300.00	-	300.00	-
	合計[Mcal]	3,200.00	626.24	3,300.00	645.81
	単価[円/Mcal]	8.00	8.00	8.00	8.00
	価格[円]	25,600.00	5,009.92	26,400.00	5,166.48
溶融メタル（金属）	数量[kg]	30.00	5.87	31.00	6.07
	単価[円/kg]	35.00	35.00	35.00	35.00
	価格[円]	1,050.00	205.45	1,085.00	212.45
溶融スラグ（残渣物）	数量[kg]	450.00	88.07	350.00	68.50
	単価[円/kg]	1.00	1.00	1.00	1.00
	価格[円]	450.00	88.07	350.00	68.50

飛灰	数量[kg]	180.00		35.23	180.00		35.23
	単価[円/kg]	0.00		0.00	0.00		0.00
	価格[円]	0.00		0.00	0.00		0.00
	合計価格[円]	27,100.00		5,303.44	27,835.00		5,447.43

7　今回の試案MFCAを作成するにあたって，従来プロセスと新規プロセスの比較によってMFCAを作成する際の今後の課題がある。

　まず，実測値によるデータの収集である。新規プロセスによる資源循環の可能性を説得力あるものにするには，予測値に加えて，実測値によるデータを収集する必要があるのではないかという点である。本書において，実際にELVの解体を行い，実測値の集計を試みたが，従来プロセスと新規プロセスとで用意した各50台の車輌構成を同じにすることが困難であった。ELVに関しては通常の操業において，同じ車種・型番・年式の車輌を仕入れることは容易なことではないが，解体台数を増やす，または，1社だけでなく数社の協力で検体となるELVの収集を行うことを次回以降は実施してみたいと考えている。

　次に，加工費のデータの収集である。本書では，加工費として，作業に係る人件費と電気料金を想定していた。しかし，ほとんどの工程において，収集・評価ができていない。これは，協力会社に対して，MFCAのしくみ，および本書で扱うデータについての説明が不十分であったことによる。次回以降，MFCAの計算構造，研究の目的，目的達成のために必要とするデータについて，十分な説明を行うこととしたい。

　そして，新規プロセスからアウトプットされた正の製品の販売単価についてである。たとえば，解体工程からアウトプットされる廃車ガラは，従来プロセスと新規プロセスの両方において18.00円/kgとしているが，廃ガラスが無い分だけ，廃車ガラの販売単価がアップまたはダウンする可能性が考えられる。つまり，ガラスの有無によって，含有する物質が異なるため，従来プロセスと新規プロセスとでは，販売単価が異なると考えられる。よって，正の製品の受け入れ先である各工程・業者へのヒアリング調査が必要と考えられる。

おわりに

　本書では，MFCAの本来の目的とは，環境への負荷の低減を目指す環境面と経営効率の改善を意図した経済面の両立であると考えている。

　しかし，MFCAの起源と考えられる各手法をみると，必ずしも両面に重点が置かれているようには見えない。特に現在のMFCAの前身と考えられるフローコスト会計では，原材料のコスト削減を主目的としており，重点は経営効率の改善に置かれているようである。さらに，日本版MFCA，およびISO14051では，製品とマテリアルロスの金額情報の把握を目的としており，経済面の重視へと傾斜していると考えられる。

　それでは，環境への負荷の低減を目指す「環境面」と，経営効率の改善を意図する「経済面」の両立に向けて，MFCAをどのように適用すればよいか，と言うことである。

　本書では，産業を動脈産業と静脈産業と言う視点から捉え，個別企業におけるMFCAでは経済面を重視するものであるが，産業全体というマクロの視点でMFCAを考えることによって，MFCAによる環境面と経済面の両立が可能となるであろうと考えたのである。

　そこで，MFCAを動脈産業のみならず静脈産業においても適用することで，産業全体での資源の有効利用が可能となることを，試案MFCAを用いて，データで証明することを試みた。

　その結果，A社，H社，および自動車静脈系サプライチェーンが資源の有効利用を可能とすることを，試案MFCAのデータによって，証明ができたと考えている。

　最後に，本書における試案MFCAが示すように，環境管理会計とは動脈産業と静脈産業との間の連結環になるものである。引き続き，静脈産業を対象として，資源の有効利用の可能性を研究し，マテリアルフローによる原価計算が，産業全体での資源の有効利用を可能にさせる，環境面と経済面の両方を重視した，環境管理会計における一手法となることを明らかにしていきたい。

参考文献

Bennett, M. and P. James [1998], *The Green Bottom Line: Environmental Accounting for Management - Current Practice and Future Trends*, Greenleaf Publishing.（國部克彦監修・海野みづえ訳『緑の利益――環境管理会計の展開』産業環境管理協会）.

Burritt, R. L., T. Hahn, and S. Schaltegger [2002], "Towards a Comprehensive Framework for Environmental Management Accounting - Links Between Business Actor and EMA Tools," *Australian Accounting Review*, Vol. 12, No. 27, pp. 9-50.

BMU・UBA [1996] *Handbuch Umweltkostenrechnung/herausgegeben vom Bundesumweltministerium und Umweltbundesamt*.（宮崎修行訳 [2000]『環境原価計算　環境コストの実践的把握』日本能率協会マネジメントセンター.）

Chemical Week [1993], "Environmental Costs: Getting the True Measure," *Chemical Week*, July, p. 32.

Chemical Week [1992], "Reconciling Industry and the Environment," *Chemical Week*, October, pp. 58-60.

FEM・FEA [2003], *Guide to Corporate Environmental Cost Management*.

IFAC [2005], *Environmental Management Accounting*, IFAC.（日本公認会計士協会経営研究調査会訳・環境省翻訳監修『国際ガイダンス文書　環境管理会計』.）

ISO [2010], *Environmental Management -Material Flow Cost Accounting - General Framework*.

ISO [2011], *ISO14051: Environmental management -Material flow cost accounting - General framework*.

Jasch, C. [2009], *Environmental and Material Flow Cost Accounting: Principles and Procedures*, Springer.

Jasch, C. and D. E. Savage [2008], "The IFAC International Guidance Document on Environmental Management Accounting," in Schaltegger, S., M.

Bennett, R. L. Burritt, and C. Jasch (eds.), *Environmental Management Accounting for Cleaner Production*, Springer.

Loew, T. [2003], "Environmental Cost Accounting : Classifying and Comparing Selected Approaches," in Bennett, M., P. M. Rikhardsson, and S. Schaltegger (eds.), *Environmental Management Accounting-Purpose and Progress*, Kluwer Academic Publishers.

Lovins, A. B., L. H. Lovins, and P. Hawken [1999], "A Road Map for Natural Capitalism," *The Harvard Business Review on Business and the Environmental*, pp. 1 -34.（山藤泰訳［2000］「自然資本主義の時代」『Diamondハーバード・ビジネス』第25巻第2号, pp.107-204.）

Orbach, T. and C. Liedke [1998], " Eco-Management Accounting in Germany – Concepts and Practical Implication, Final Report for the Project Management Accounting and Environmental Management : Towards the Sustainable Enterprise," *Wuppertal Institute for Climate, Environment and Energy Division for Material Flows and Structural Change*, Vol. 88.

Pojasek, R. B. [1997a], "Understanding a Process with Process Mapping, " *Pollution Prevention Review*, Summer, pp.91-101.

Pojasek, R. B. [1997b], "Material Accounting and P 2," *Pollution Prevention Review*, Autumn, pp.95-103.

Pojasek, R. B. [1998a], "Focusing Your P 2 Program on Zero Waste," *Pollution Prevention Review*, Summer, pp.97-105.

Pojasek, R. B. [1998b], "Activity-Based Costing for EHS Improvement," *Pollution Prevention Review*, Winter, pp. 111-120.

Pojasek, R. B. [2002], "Combing Quality Tools with a Traditional Approach to Pollution Prevention," *Environmental Quality Management*, Vol. 12, No. 1, pp. 83-90.

Porter, M. E. and C. van Der Linde [1995], "Green and Competitive : Ending the Stalemate," *The Harvard Business Review on Business And The Environmental*, pp. 131-167.（矢内裕幸他訳［1996］「競争戦略 ダウ・ケミカル, デュポン, 3Mなどの欧米先進企業が実践する 環境主義がつくる21世紀の競争

優位」『Diamond ハーバード・ビジネス』第21巻第5号, pp. 101-118.)

Propoff, F. [1993], "Full-Cost Accounting," *Chemical & Engineering News*, January, pp. 8-10.

Rauberger, R. and B. Wagner [1999], "Ecobalance Analysis as a Managerial Tool at Kunert AG.," in Bennett, M., P. James, and L. Klinkers (eds.), *Sustainable Measures : Evaluation and Reporting of Environmental and Social Performance*, Greenleaf.

Schaltegger, S., M. Bennett, R. L. Burritt, and C. Jasch, (eds.) [2008], *Environmental Management Accounting for Cleaner Production*, Springer.

Schaltegger, S. and R. Burritt, [2000], *Contemporary Environmental Accounting: Issues, Concepts and Practice*, Greenleaf Publishing.（宮崎修行監訳 [2003]『現代環境会計　問題・概念・実務』五絃舎.)

Schaltegger, S. and M. Wagner [2005], "Current Trends in Environmental Cost Accounting - and its Interaction with Eco-Efficiency," in Rikhardsson, P. M., M. Bennett, J. J. Bouma, and S. Schaltegger (eds.), *Implementing Environmental Management Accounting : Status and Challenges*, Springer.

Schmidheiny, S. with Business Council for Sustainable Development (BCSD) [1992], *Changing Course : A Global Business Perspective on Development and the Environment*, London : The MIT Press.（BCSD 日本ワーキング・グループ訳 [1992]『チェンジング・コース　持続可能な開発への挑戦』ダイヤモンド社.)

Strobel, M. and C. Redman [2002], "Flow Cost Accounting, an Accounting Approach Based on the Actual Flows of Materials," in Bennett, M., J. J. Bounma, and T. Wolters (eds.), *Environmental Management Accounting : Informational and Institutional Developments*, Kluwer Academic Publishers.

Spangenberg, J. H., F. Hinterberger, S. Moll, and H. Schutz [1999], "Material Flow Analysis, TMR and the MIPS Concept : A Contribution to the Development of Indicators for Measuring Changes in Consumption and Production Patterns," *International Journal of Sustainable Development*, Vol. 2, No. 4, pp. 491-505.

The World Commission on Environment and Development (WCED) [1987], *Our Common Future*, New York : Oxford University Press.

UNDSD [2001], *Environmental Management Accounting Procedures and Principles*. (環境省訳『環境管理会計の手続きと原則』.)

UNEP [1991], *Audit and Reduction Manual for Industrial Emissions and Wastes*, United Nations Environment Programme.

UNEP [1993], *Cleaner Production Worldwide*, United Nations Environment Programme.

UNEP [1996], *Cleaner Production*, United Nations Environment Programme.

UNEP [2006], *Environmental Agreements and Cleaner Production*, United Nations Environment Programme.

USEPA [1988], *Waste Minimization Opportunity Assessment Manual*, US Environmental Protection Agency.

USEPA [1992], *Facility Pollution Prevention Guide*, US Environmental Protection Agency.

USEPA [1995], *An Introduction to Environmental Accounting as a Business Management Tool : Key Concepts and Terms*, US Environmental Protection Agency.

USEPA [1998], *Full Cost Accounting for Decision Making at Ontario Hydro : A Case Study*, US Environmental Protection Agency.

USEPA [2001], *An Organization Guide to Pollution Prevention*, US Environmental Protection Agency.

VDI [2001], *VDI3800 (Determination of costs for industrial environmental protection measures)*.

von Weizsacker, E. U., A. B. Lovins, and L. H. Lovins [1995], *FAKTOR VIER*. (佐々木建訳 [1998]『ファクター4 豊かさを2倍に,資源消費を半分に』省エネルギーセンター.)

Qian, W. and R. Burritt [2008], "The Development of Environmental Management Accounting : An Institutional View," in Schaltegger, S., M. Bennett,

R. L. Burritt, and C. Jasch（eds.）, *Environmental Management Accounting for Cleaner Production*, Springer.

阿部新［2006］『廃棄物の処理責任に関する経済学的研究』（一橋大学大学院経済学研究科博士学位取得論文）。

安城泰雄［2003］「環境経営とマテリアルフローコスト会計」『環境管理』第39巻第7号，pp. 28-32。

安城泰雄［2007a］「リサイクル工程・リサイクル事業へのマテリアルフローコスト会計の適用」『環境管理』第43巻第6号，pp. 75-82。

安城泰雄［2007b］「キヤノンにおけるマテリアルフローコスト会計の導入」『企業会計』第59巻第11号，pp. 40-47。

安城泰雄［2008］「ISO14000ファミリーの新しいテーマについて　日本初提案の新規格"ISO14051マテリアルフローコスト会計"の国際標準化活動の状況」『粉体と工業』第40巻第12号，pp. 34-39。

安城泰雄・下垣彰［2011］『図説MFCA（マテリアルフローコスト会計）―マテリアル・エネルギーのロスを見える化するISO14051』JIPMソリューション。

石渡正佳［2004］『リサイクルアンダーワールド』平河工業社。

岩田恭浩［2003］「原材料リサイクルの価値計算」『環境管理』第39巻第7号，pp. 26・27。

植田和弘［1992］『廃棄物とリサイクルの経済学』有斐閣。

大川真郎［2001］『豊島産業廃棄物不法投棄事件』日本評論社。

大塚直［2006］『環境法　第2版』有斐閣。

大西靖［2002］「マテリアルフロー情報を活用した環境管理会計の構成要素：会計情報と物量情報の連携」『六甲台論集』第49巻第3号，pp. 1-15。

大西靖［2003］「アメリカにおける環境管理会計の展開：汚染予防のためのマテリアルフロー・マネジメント」『六甲台論集』第50巻第3号，pp. 51-69。

河野裕司［2003］「「マテリアルフローコスト会計」を活用したコスト低減と環境負荷削減への挑戦―廃棄物処理方法見直しによる実践的取り組みについて」『環境管理』第39巻第7号，pp. 19-25。

河野裕司［2007］「田辺製薬におけるマテリアルフローコスト会計の導入と展開」『企業会計』第59巻第11号，pp. 48-55。

環境管理センター［2013］「自動車破砕残さにおける性状把握調査業務報告書」。
環境省［2003］『事業者の環境パフォーマンス指標ガイドライン—2002年度版—』。
環境省［2004］『環境会計の現状と課題』。
環境省［2005］『環境会計ガイドライン2005年度版』。
環境省［2007］『環境報告ガイドライン—持続可能な社会をめざして—』。
環境庁［1975］『環境白書』。
環境庁［2000］『環境会計システムの導入のためのガイドライン』。
環境庁・外務省監訳［1997］『アジェンダ21　実施計画（'97）』エネルギージャーナル社。
環境庁地球環境部監修，北九州クリーナープロダクション・テクノロジー編集委員会編［1998］『環境保全型生産技術　クリーナープロダクション・テクノロジー』日刊工業新聞社。
木村眞実［2009a］「マテリアルフローコスト会計の本質—社会的背景から—」『保健医療経営大学紀要』第1巻，pp. 125-139。
木村眞実［2009b］「社会的パースペクティブによる環境会計の考察—MFCAを対象として—」『九州経済学会年報』第47巻，pp. 53-60。
木村眞実［2010a］「自動車解体業における生産管理—マテリアルの生産について—」『保健医療経営大学紀要』第2巻，pp. 9-13。
木村眞実［2010b］「静脈産業におけるマテリアルフローコスト会計—自動車解体業を対象として—」『会計理論学会年報』第24巻，pp. 64-73。
木村眞実［2010c］「マテリアルフローコスト会計の国際標準化に関する研究」『徳山大学論叢』第71巻，pp. 69-85。
クリーン・ジャパン・センター［2011］『リサイクルデータブック2011』。
クリーン・ジャパン・センター［2013］『リサイクルデータブック2013』。
経済産業省［2002］『環境管理会計手法ワークブック』。
経済産業省［2007a］『ニュースリリース　第1回環境管理会計国際標準化対応委員会の開催について』。
経済産業省［2007b］『環境管理会計国際標準化委員会　マテリアルフローベース環境管理会計の国際標準化について』。
経済産業省［2007c］『ニュースリリース　マテリアルフローコスト会計（MFCA）

の国際標準化の提案について』。

経済産業省［2008a］『マテリアルフローコスト会計手法導入ガイド（Ver. 2 ）』。

経済産業省［2008b］『マテリアルフローコスト会計（MFCA）導入事例集（Ver. 1 ）』。

経済産業省［2008c］『ニュースリリース　マテリアルフローコスト会計（MFCA）の国際標準化案の採択について』。

経済産業省［2009］『マテリアルフローコスト会計手法導入ガイド（Ver. 3 ）』。

経済産業省［2010］『マテリアルフローコスト会計MFCA事例集』。

経済産業省［2011］『環境資源ハンドブック2011　法制度と3Rの動向』。

経済産業省［2013］『環境資源ハンドブック2013　法制度と3Rの動向』。

経済産業省［2014］『自動車リサイクル法の施行状況』。

経済団体連合会［1991］『経団連地球環境憲章』。

國部克彦［2000］『環境会計　改訂増補版』新世社。

國部克彦［2003］「環境管理会計の基盤システムとしてのマテリアルフローコスト会計」『環境管理』第39巻第 7 号, pp. 1 - 5 。

國部克彦［2005］「日本におけるマテリアルフローコスト会計の展開」『環境管理』第41巻第10号, pp. 58-63。

國部克彦［2007］「マテリアルフローコスト会計の継続的導入に向けての課題と対応」『國民經濟雜誌』第196巻第 5 号, pp. 47-61。

國部克彦［2008］「マテリアルフローコスト会計の国際標準化について―ISO14051が始動」『環境管理』第44巻第 8 巻, pp. 1 - 5 。

國部克彦［2009］「日本型環境管理会計の特徴と課題：マテリアルフローコスト会計を中心に」『原価計算研究』第33巻第 1 号, pp. 1 - 9 。

國部克彦［2011］「サプライチェーンへのマテリアルフローコスト会計導入の意義と課題」『日本情報経営学会誌』第31巻第 4 号, pp. 75-82。

國部克彦・伊坪德宏・中嶌道靖［2006］「マテリアルフローコスト会計とLIMEの統合可能性」『國民經濟雜誌』第194巻第 3 号, pp. 1 -11。

國部克彦・下垣彰［2007］「MFCAとLCAの統合と活用の意義―マテリアルフローにおけるコストと環境影響の統合分析」『環境管理』第43巻第 8 号, pp. 68-73。

國部克彦・山田朗［2007］「外部環境経営評価指標としての環境影響統合評価指標とMFCAの活用」『環境管理』第43巻第12号，pp. 67-76。

國部克彦・大西靖・東田明・堀口真司［2008a］「環境管理会計の回顧と展望」『國民経済雑誌』第198巻第1号，pp. 95-112。

國部克彦・大西靖・東田明・堀口真司［2008b］「環境管理会計研究の回顧と展望」『日本管理会計学会2008年度全国大会　研究報告要旨集』，pp. 63-64。

國部克彦・大西靖・東田明・堀口真司［2010］「第10章　環境管理会計―マテリアルフロー分析を中心とした国際比較―」（加登豊・松尾貴巳・梶原武久編著『管理会計研究のフロンティア』中央経済社）。

國部克彦・中嶌道靖［2003］「環境管理会計におけるマテリアルフローコスト会計の位置づけ―環境管理会計の体系化へ向けて―」『會計』第164巻第2号，pp. 123-136。

國部克彦編著［2004］『環境管理会計入門：理論と実践』産業環境管理協会。

國部克彦編著［2008］『実践マテリアルフローコスト会計』産業環境管理協会。

産業環境管理協会［2009］『平成20年度　経済産業省委託事業　サプライチェーン省資源化連携促進事業　事例集』産業環境管理協会。

産業環境管理協会［2010］『平成21年度　経済産業省委託事業　サプライチェーン省資源化連携促進事業　事例集』産業環境管理協会。

産業環境管理協会［2011］『平成22年度　経済産業省委託　サプライチェーン省資源化連携促進事業　報告書』産業環境管理協会。

坂井宏光［2007］「CP活動による持続可能な発展と環境保全への貢献」『九州国際大学　教養研究』第14巻第1号，pp. 99-127。

下垣彰［2006a］「原価管理の新潮流"ロスコストの見える化"を」『JMAマネジメントレビュー』第12巻第10号，pp. 56-61。

下垣彰［2006b］「マテリアルフローコスト会計，その効果的運用のために―原価計算の新潮流"ロスコストの見える化"」『JMAマネジメントレビュー』第12巻第11号，pp. 32-37。

曽根英二［1999］『ゴミが降る島』日本経済新聞社。

鵜謙一［2014］『静脈産業の文明論』VNC。

外川健一［2001］『自動車とリサイクル　自動車産業の静脈部に関する経済地理学

的研究』日刊自動車新聞社。

通商産業省環境立地局［1994］『企業における環境行動計画』日本工業新聞社。

中嶌道靖［2003］「CTスキャンとしてのマテリアルフローコスト会計」『環境管理』第39巻第7号，pp. 6 -11。

中嶌道靖［2005］「新たな管理会計ツールとしての可能性」『環境管理』第41巻第11号，pp.73-78。

中嶌道靖［2007］「第2章　マテリアルフローコスト会計（MFCA）の新関係：MFCAにおけるエネルギー分析への展開および既存の生産管理（TPMを題材に）に対するMFCAの意義について」『関西大学経済・政治研究所　研究双書（企業情報と社会の制度転換Ⅱ）』第146巻，pp. 27-53。

中嶌道靖・國部克彦［2002］『マテリアルフローコスト会計』日本経済新聞社。

中嶌道靖・國部克彦［2008］『マテリアルフローコスト会計　第2版』日本経済新聞出版社。

中嶌道靖・バーント．ワグナー・ロバートB．ポジャセック［2003］「4　環境管理会計と資源生産性の向上―マテリアルフローコスト会計を中心に―」『環境会計国際シンポジウム2003』，pp. 45-66。

日刊市況通信社［2005a］『自動車リサイクル法・ビジネス解説・第5弾』日刊市況通信社。

日刊市況通信社［2005b］『スクラップマンスリー』第412号。

日刊市況通信社［2008］『鉄スクラップ関連資料集（2008年版）』日刊市況通信社。

日本ELVリサイクル機構［2007］『自動車解体業のモデルビジョン』。

日本ELVリサイクル機構［2013］『平成24年度　自動車リサイクル連携高度化事業（使用済自動車に含まれる貴金属・レアアース磁石の効率的な回収・リサイクルに関する実証事業）業務報告書』。

日本自動車リサイクル部品販売団体協議会［2010］『「リサイクル部品」とともに15年』。

日本能率協会コンサルティング［2010］『マテリアルフローコスト会計導入実証・国内対策等事業　報告書』。

沼田雅史［2007］「積水化学グループにおけるマテリアルフローコスト会計導入の取り組み」『企業会計』第59巻第11号，pp. 56-62。

伴竜二［2006］「マテリアルフローコスト会計の中小企業での取り組み」『環境管理』第42巻第1号，pp. 76-81。

東田明［2008］「マテリアルフローコスト会計のサプライチェーンへの拡張」『企業会計』第60巻第1号，pp. 122-129。

東田明［2010］「第6章　グリーン・サプライチェーン・マネジメントを支援する環境管理会計―マテリアルフローコスト会計の適用可能性―」（日本会計研究学会特別委員会『環境経営意思決定と会計システムに関する研究　最終報告書』）。

富士写真フイルム［1993］『環境アクションプラン'93（EAP'93）』。

古川芳邦［2003］「日東電工のマテリアルフローコスト会計の取組みについて―マネジメントツールとしてのマテリアルフローコスト会計」『環境管理』第39巻第7号，pp. 12-18。

古川芳邦［2007］「マネジメントツールとしてのマテリアルフローコスト会計―企業の実践と ISO 化の展望」『企業会計』第59巻第11号，pp. 33-39。

古川芳邦・立川博巳［2010a］「日本が主導する ISO14051 の国際標準化の状況について」『環境管理』第46巻第6号，pp. 30-33。

古川芳邦・立川博巳［2010b］「マテリアルフローコスト会計の ISO 化（ISO14051）について」『経営システム』第20巻第1号，pp. 13-16。

古川芳邦・立川博巳［2011］「ISO14051 の動向と MFCA のグローバルな展開について」『工場管理』第57巻第11号，pp. 4-7。

細田衛士［1999］『グッズとバッズの経済学』東洋経済新報社。

細田衛士［2005］「第4章　生産物連鎖におけるバッズのフロー制御の環境経済学的解釈」（金属系材料研究開発センター『平成16年度環境問題対策調査等に関する委託事業報告』）。

平岩幸弘・貫真英［2004］「第1章　静脈産業と自動車解体業」（竹内啓介監修・寺西俊一・外川健一編著『自動車リサイクル』東洋経済新報社）。

前川昭［2006］「滋賀県におけるマテリアルフローコスト会計の普及活動」『環境管理』第42巻第11号，pp. 70-74。

水口剛［2001］「「環境保全コストの会計」から「環境保全のための会計」へ―フローコスト会計が示唆するもの」『高崎経済大学論集』第43巻第4号，pp. 55-74。

水口剛［2005］「環境会計におけるガイドライン・アプローチの限界と制度化議論の必要性」『高崎経済大学論集』第48巻第1号，pp. 19-31。

宮崎修行［2002］『統合的環境会計論』創成社。

宮本憲一［1994］「補章　地球サミットとアジア・日本の環境問題」『地球環境政策　地球サミットから環境の21世紀へ』有斐閣。

八木裕之［2002］「持続可能な経済社会と会計」『會計』第162巻第3号，pp. 98-110。

柳田仁［1999］「環境原価計算の未来計算への適用およびその制度化について―ドイツ連邦環境省・環境庁編「環境原価計算ハンドブック」の見解を中心として―」『国際経営フォーラム』第10巻，pp. 45-60．

矢野経済研究所［2014］『平成25年度中小企業支援調査（自動車リサイクルに係る解体業者に対する経営実態等調査事業）報告書―使用済自動車の解体業者の経営実態に係る調査―』。

索　引

あ　行

液抜き……………………………… 103
エコバランス……………………… 23

か　行

解体工程……………………… 192, 202
ガラス分離工程……… 199, 215, 216
環境関連の原価の計算…………… 30
環境原価計算……………………… 26
乾留工程……………………… 196, 209
グッズ……………………………… 86
原材料コストの削減……………… 15
国際規格案………………………… 58

さ　行

仕入業務…………………………… 100
資源の循環………………………… 4
システムズ・アプローチ………… 16
シュレッダー工程………… 194, 205
使用済自動車……………………… 95
商品化業務………………………… 100
静脈産業…………………………… 3
新業務項目提案…………………… 53
生産業務…………………………… 100
生産システム……………………… 102
生産プロセス……………………… 103

生産プロセスのフロー図……… 35

た　行

ダスト選別工程…………… 197, 211
導入実証事業……………………… 113
動脈産業…………………………… 3

な　行

日本版MFCA ……………………… 47

は　行

廃ガラス分別工程………… 198, 213
廃棄物最小化機会アセスメント・
　マニュアル…………………… 10
バッズ……………………………… 86
販売業務…………………………… 100
標準化案…………………………… 51
物質・エネルギーバランスの
　把握…………………………… 26
物量センターからアウトプットされる
　マテリアルの重量の把握……… 36
部品取り…………………………… 103
フリーグッズ……………………… 86
プレ・ワーキングドラフト…… 55
フローコスト会計………………… 34
プロセスフロー図………………… 11
プロセスマップ…………………… 16

ま　行

前処理……………………………… 103
マスバランス……………………… 22
マテリアル・アカウンティング… 18, 20
マテリアル回収…………………… 103
マテリアルと熱量のバランス……13
マテリアルフローコスト会計…… 1

や　行

溶融工程………………………… 195, 207

欧　文

ISO14051 ……………………… 67

■著者紹介
木村　眞実（きむら　まみ）
2008年3月　九州大学大学院経済学府博士後期課程単位取得後退学
2008年4月　保健医療経営大学保健医療経営学部　講師
2010年4月　徳山大学経済学部　准教授
2012年3月　駒澤大学大学院商学研究科博士後期課程修了　博士（商学）
2013年4月　沖縄国際大学産業情報学部　准教授，現在に至る

主要業績
（共著：藤田昌也・吉見宏・奥薗幸彦ほか）『新版　会計利潤の計算方法』同文舘出版，2008年。
「静脈産業におけるマテリアルフローコスト会計―自動車解体業を対象として―」『会計理論学会年報』第24号，2010年。

■静脈産業とマテリアルフローコスト会計

■発行日──2015年2月26日　初　版　発　行　　　〈検印省略〉

■著　者──木村　眞実
■発行者──大矢栄一郎
■発行所──株式会社　白桃書房
　　　　　〒101-0021　東京都千代田区外神田5-1-15
　　　　　☎03-3836-4781　℻03-3836-9370　振替00100-4-20192
　　　　　http://www.hakutou.co.jp/

■印刷・製本──藤原印刷
© Mami Kimura 2015　Printed in Japan
ISBN 978-4-561-46176-0 C3034

本書のコピー，スキャン，デジタル化等の無断複製は著作権法上での例外を除き禁じられています。本書を代行業者等の第三者に依頼してスキャンやデジタル化することは，たとえ個人や家庭内の利用であっても著作権法上認められておりません。

JCOPY　〈㈳出版者著作権管理機構　委託出版物〉
本書の無断複写は著作権法上での例外を除き禁じられています。複写される場合は，そのつど事前に，㈳出版者著作権管理機構（電話03-3513-6969，FAX 03-3513-6979，e-mail : info@jcopy.co.jp）の許諾を得てください。

落丁本・乱丁本はおとりかえいたします。

好 評 書

桜井久勝【編著】
テキスト国際会計基準(第6版) 本体3,300円

S.H.ペンマン【著】 杉本徳栄・井上達男・梶浦昭友【訳】
財務諸表分析と証券評価 本体7,000円

平野秀輔【著】
財務管理の基礎知識(第2版増補版) 本体2,000円

山浦久司・廣本敏郎【編著】
ガイダンス企業会計入門(第4版) 本体1,905円
―手ほどき　絵ほどき　A to Z

越知克吉【著】
会計士物語(第3版) 本体2,381円
―公認会計士の仕事と生活

W.H.ビーバー【著】　伊藤邦雄【訳】
財務報告革命(第3版) 本体3,300円

永野則雄【著】
ケースでまなぶ財務会計(第7版) 本体2,800円
―新聞記事のケースを通して財務会計の基礎をまなぶ

平野秀輔【著】
財務会計(第4版) 本体3,300円

新田忠誓　他【著】
会計学・簿記入門(第12版) 本体3,000円
―〈韓国語財務諸表・中国語財務諸表付〉

八田進二【編】
21世紀 会計・監査・ガバナンス事典 本体2,381円

――――――― 東京　白桃書房　神田 ―――――――
本広告の価格は本体価格です。別途消費税が加算されます。